U0414948

甘肃张掖黑河湿地国家级自然保护区鸟类图鉴

陈克林　叶其炎　主编

中国林業出版社
CFPH
China Forestry Publishing House

图书在版编目(CIP)数据

甘肃张掖黑河湿地国家级自然保护区鸟类图鉴 / 陈克林, 叶其炎主编. -- 北京 : 中国林业出版社, 2024. 8. -- ISBN 978-7-5219-2878-5

Ⅰ. Q959.708-64

中国国家版本馆CIP数据核字第2024E9G548号

策划编辑：肖　静

责任编辑：袁丽莉　肖　静

装帧设计：北京八度出版服务机构

————————————————

出版发行：中国林业出版社

（100009，北京市西城区刘海胡同 7 号，电话 83143577）

电子邮箱：cfphzbs@163.com

网址：https://www.cfph.net

印刷：河北京平诚乾印刷有限公司

版次：2024 年 8 月第 1 版

印次：2024 年 8 月第 1 次

开本：787mm×1092mm　1/16

印张：15.75

字数：228 千字

定价：128.00 元

《甘肃张掖黑河湿地国家级自然保护区鸟类图鉴》

编辑委员会

前　言

张掖市，古称甘州，是甘肃省辖地级市，国家历史文化名城、湿地生态之城。张掖市地处甘肃省西北部、河西走廊中段，东靠武威，西接嘉峪关，南与青海省接壤，北和内蒙古毗邻。黑河发源于祁连山北麓中段，流经青海、甘肃、内蒙古，最后流入居延海，是中国西北地区第二大内陆河、甘肃省最大的内陆河，全长948千米，流域面积4.44万平方千米。黑河被称为张掖人民的母亲河，承载着深厚的历史意义与生态意义。

张掖黑河湿地国家级自然保护区（以下简称保护区）位于黑河中游，跨甘肃省张掖市甘州区、临泽县、高台县，范围在东经99°19′21″～100°34′48″、北纬38°57′54″～39°52′30″，沿黑河中游干流及其支流山丹河、流沙河河道分布，长204千米，南依祁连山，北靠巴丹吉林沙漠，处于河西走廊的“蜂腰”地带，是我国西北地区自然保护区网络的重要节点。保护区总面积41164公顷，其中，核心区13640公顷、缓冲区12531公顷、实验区14993公顷。保护区前身为1992年原甘肃省林业厅批准设立的“高台县黑河流域自然保护区”；2004年，保护区更名为“甘肃高台黑河湿地省级自然保护区”；2009年，甘肃省政府批复将甘州、临泽境内的黑河沿线湿地纳入保护区范围，保护区更名为“甘肃张掖黑河湿地省级自然保护区”；2011年，国务院批复，保护区更名为“甘肃张掖黑河湿地国家级自然保护区”；2015年，甘肃张掖黑河湿地被批准列为国际重要湿地。

保护区属荒漠地区典型的内陆湿地和水域生态系统类别的湿地类型自然保护区，集生态保护、生态监测、科学研究、资源管理、生态旅游、宣传教育和生物多样性保护等功能于一体。保护区的主要保护对象为我国西北典型内陆河流湿地和水域生态系统及其生物多样性、以黑鹳为代表的湿地珍禽及野生鸟类迁徙的重要通道和栖息地、黑河中下游重要的水源涵养地和水生动植物生境、西北荒漠区的绿洲植被及典型的内陆河流湿地自然景观。祁连融雪化清波，弱水引波沃平野，发源于祁连山的黑河给张掖赋予了宝贵的湿地资源禀赋和独特的神韵气质。

保护区内水资源较为丰富，有大小河流7条，湖泊、水库16处，主要有河流水面、水库水面、坑塘水面、沟渠、灌丛沼泽、沼泽草地、沼泽地、内陆滩涂等8个类型的天然湿地。保护区有野生植物439种，其中，国家重点保护野生植物9种；保护区有野生动物307种，其中，国家重点保护野生动物64种。每年成千上万只鸟类迁徙途径张掖黑河湿地，在此停歇、觅食和繁殖。保护区记录鸟类251种，其中，黑鹳、彩鹮、遗鸥、金雕、大天鹅等国家重点保护鸟类57种。

本书收录张掖黑河湿地区域内的鸟类251种，并对每种鸟的分类、学名、中文名、英文名、别名、生态特征、生活习性、分布情况及保护级别等，进行了详细的文字描述，并配以若干张生态图片。

本书的分类系统、科与种的排列顺序，以及鸟类的学名、中文名、保护级别等，均参照约翰·马敬能编著的《中国鸟类野外手册（马敬能新编版）》和《中国观鸟年报》发布的《中国鸟类名录10.0版》；文字部分描述参考了《中国鸟类野外手册》《东亚鸟类野外手册》等。在图片收集和编辑过程中，本书编辑委员会得到了当地政府主管部门和众多摄影爱好者的大力支持，在此衷心表示感谢。限于编者水平，不到之处在所难免，请读者批评指正。

本书编辑委员会

2024年5月

目 录

鹳形目 CICONIIFORMES

鹈形目 PELECANIFORMES

鲣鸟目 SULIFORMES

鹰形目 ACCIPITRIFORMES

鸨形目 OTIDIFORMES

鸨科 Otididae

鹤形目 GRUIFORMES

秧鸡科 Rallidae

鹤科 Cruidae

鸻形目 CHARADRIIFORMES

反嘴鹬科 Recurvirostridae

鸻科 Charadriidae

鹬科 Scolopacidae

燕鸻科 Glareolidae

鸥科 Laridae

目录

佛法僧目 CORACIIFORMES

犀鸟目 BUCEROTIFORMES

鴷形目 PICIFORMES

隼形目 FALCONIFORMES

雀形目 PASSERIFORMES

斑头雁 *Anser indicus* Bar-headed Goose

别名：白头雁

特征：体形略小，体长63～73厘米，体重1600～3000克。白色的头部具有明显黑色横斑，喉部白色延至颈侧，喙和腿橘黄色。飞行时身体呈淡灰色，有宽阔的黑色飞羽后缘。

习性：喜集群活动。耐寒冷。栖息于高原湖泊，喜咸水湖。非常适应高原生活，在迁徙中会飞越珠穆朗玛峰。

分布：在中国青海、西藏的沼泽和湖泊繁殖，冬季迁至中国中部及南部。在张掖为常见候鸟。

灰雁 *Anser anser* Greylag Goose

别名：大雁、灰腰雁、红嘴雁、黄嘴灰雁

特征：中型灰褐色雁，体长70～90厘米，体重2300～3500克。身躯笨重，整体棕灰色，扁平喙大且呈粉橙色，双腿粉色。雄性略大于雌性。飞行时双翼拍打用力，振翅频率高，可见其淡灰色的翼上前缘、浅色的翼下覆羽及白色的尾端。

习性：主要集群于淡水水域。

分布：繁殖于中国北方大部分地区，并集群越冬于华中和华南的湖泊。在张掖为常见候鸟。

豆雁 *Anser fabalis* Taiga Bean Goose

别名：大雁、鸿、东方豆雁、普通大雁

特征：深灰褐色的大型雁类，体长65～78厘米，体重约3000克。喙上橙斑大小不一，但通常覆盖喙的绝大部分，颈较长且色暗，头、颈、背灰褐色，腿橙色。相比灰雁，飞行中无对比鲜明的浅色翼前缘。

习性：喜集群，常成群活动于近湖沼泽地带。性机警，不易接近。迁徙季节，常集成数十、数百、甚至上千只的大群，队形不断变换，呈“人”或“一”字飞行。

分布：在中国为常见冬候鸟，越冬于长江中下游和东南沿海，迁徙经过中国东北、华北及内蒙古、甘肃等地。在张掖为常见过境鸟。

白额雁 *Anser albifrons* Greater White-fronted Goose

别名：花斑、明斑

特征：大型雁类，体长70～90厘米，体重2000～3500克。腿和喙亮橙色，脸部和额头白色，腹部有黑色横斑，腹部白色，上体大都灰褐色，杂以黑色不规则的大块斑，脚橄榄黄色。亚成鸟脸部无白色，腹部缺少黑色横斑，腿和喙显暗橙色。

习性：喜群居，为一夫一妻制，雌雄共同参与对雏鸟

的养育。飞行时发出的音调比豆雁和灰雁高。

分布：在中国为冬候鸟，越冬于长江流域及东部沿海各省至台湾，西至湖北、湖南等地，多栖息于湖泊。在张掖为常见过境鸟。

保护等级：国家二级保护野生动物。

疣鼻天鹅 *Cygnus olor* Mute Swan

别名：哑音天鹅、瘤鼻天鹅、赤嘴天鹅

特征：体长120～170厘米，体重6750～10000克。全身羽毛洁白，脖颈细长，弯曲呈优雅的“S”形。成鸟喙部橙红色，脸部黑色，前额有一块具特征性的黑色瘤疣

突起，黑色脚趾和蹼灰黑色。亚成鸟整体褐色，喙灰色。

习性：性机警，视力好。飞行时振翅缓慢而有力。虽名为“哑音天鹅”，但高兴时会发出沙哑低沉的“嘶嘶”声。温顺而胆怯。成对或成家族群活动，特别是越冬鸟集大群于湖泊或河流中。

分布：在中国繁殖于新疆、青海、甘肃、内蒙古，越冬于长江中下游、东南沿海和台湾。在张掖为常见候鸟。

保护等级：国家二级保护野生动物。

小天鹅 *Cygnus columbianus* Tundra Swan

特征：体长110厘米，体重4000～7000克。体白，美丽优雅，头顶至枕部略沾些淡棕黄色，上喙侧面黄色区域前段不尖，上喙中脊线为黑色。亚成鸟整体暗灰褐色，喙粉红色。相比大天鹅，小天鹅体形更小，喙更细，并且喙基处黄色较少。

习性：喜集群，除繁殖期外常成群生活。有时也和大天鹅混群，远离人群和其他危险物。集群飞行时呈“V”字形。

分布：冬季在中国东北至长江流域的湖泊越冬，数量较大天鹅多。在张掖为常见候鸟。

保护等级：国家二级保护野生动物。

大天鹅 *Cygnus cygnus* Whooper Swan

别名：天鹅、白天鹅、黄嘴天鹅

特征：体长140～165厘米，体重的10000克，翼展205～243厘米，雌性略较雄性小，寿命8年。全身的羽毛雪白，上嘴基部黄色，此黄斑沿两侧向前延伸到鼻孔下，嘴端黑色，跗跖、蹼、爪亦为黑色。幼鸟羽毛呈灰棕色，喙色亦淡，一年后才完全长出和成鸟相同的白色羽毛。

习性：喜集群，除繁殖期外常成群生活，冬季成家族群活动，有时成多至数十至数百只的大群栖息。

分布：在中国分布于北方的湖泊。在张掖为常见候鸟。

保护等级：国家二级保护野生动物。

翘鼻麻鸭 *Tadorna tadorna* Common Shelduck

别名：翘鼻鸭、冠鸭、白鸭、掘穴鸭

特征：大型鸭，体长55～65厘米，体重600～1700克。头颈部黑色，宽阔的胸部横带显红褐色，背部白色有黑色条纹，侧腹白色，腹部有黑色斑纹；翅膀前部白色，后部和尖端黑色，翅膀上有一个绿色的斑点；喙红色，在喙上有一个疙瘩；腿黄褐色。

习性：主要在盐池、咸水或半咸水湖及海湾等湿地活动。冬季常数十或上百只活动。

分布：繁殖于中国华北及东北，越冬于东南部。在张掖为常见候鸟。

赤麻鸭 *Tadorna ferruginea* Ruddy Shelduck

别名：黄鸭、黄凫、渎凫

特征：体形较大，体长60～70厘米，体重1000～1650克。类似雁类的独特鸭类。整体羽色亮赤色，头部和颈部显淡奶油色，喙和腿黑色。大面积的白色翼上覆羽在飞行中尤其醒目。雄鸟有较窄的黑色颈圈。

习性：多见于开阔湖泊与河流中，性机警，人难接近。

分布：在中国广泛繁殖于东北、西北及至青藏高原海拔4600米处，越冬于长江以南。在张掖为常见留鸟。

鸳鸯 *Aix galericulata* Mandarin Duck

特征：体形较小，体长47～54厘米，体重约500克。色彩艳丽，雄鸟背部有大块橙色的“帆状鳍”，脸颊显橙色条纹，喙小且红色，喙端白色，背部黑色，胸部棕色，侧面灰色且有白色的线条。雌鸟整体棕色，头部灰色，有较细的白色眼圈，侧腹有绿色、黑色、白色相间的羽毛。

习性：成对或单独活动于多林木旁的湖泊中。

分布：繁殖于中国东北部，在南方越冬。在张掖为不常见过境鸟。

中国保护等级：国家二级保护野生动物。

白眉鸭 *Spatula querquedula* Garganey

别名：小石鸭、巡凫

特征：中等体形，体长36～40厘米，体重约500克。头部有浅色斑纹的棕色鸭子。雄鸟棕色更均匀，眼睛上方有一条粗白条，前翅边缘为灰色，后面有深白带，两肋浅灰色，淡灰色的翼上覆羽在飞行时非常醒目。雌鸟具棕色斑纹，头部纹路对比更鲜明，眉纹更苍白，贯眼纹颜色更深，翅膀上有灰白色带纹，喉部和喙基部浅色。

习性：生活于有芦苇或其他植被的河流、湖泊、湿地中。冬季常结大群。

分布：在中国繁殖于东北、西北部，越冬于南方。在张掖为不常见过境鸟。

琵嘴鸭 *Spatula clypeata* Northern Shoveler

别名：铲土鸭、琵琶嘴鸭

特征：体形较大，体长47～48厘米，体重500～600克。嘴末端宽大如勺状，因其喙形如琵琶而得名。翅膀有蓝色前缘、白色条带和绿色后缘，翼尖灰褐色，翼下白色。繁殖羽色的雄鸟头部灰黑色，胸部白色，腹部和侧腹红褐色，背部和尾部黑色，有白色边带。雌鸟具棕色斑纹，侧腹棕色米色，臀部白色，喙灰色，基部橙色。

习性：喜沿海的红树林沼泽、池塘、湖泊。常成对或成3～5只的小群，在迁徙季节亦集成较大的群体。飞行能力不强，但飞行速度快而有力。

分布：见于中国东北至西北地区、东南沿海、华南及西南地区。在张掖为常见候鸟。

赤膀鸭　*Mareca strepera*　Gadwall

别名：漈凫

特征：体长45～55厘米，体重700～1000克。灰色，体形与绿头鸭相同，喙更细。头部相比绿头鸭更大、更蓬松，尾部和臀部黑色，胸部，背部和侧腹有细密的黑白斑纹，喙深色，腿黄色。雄鸟整体灰色，翅膀上有一小块白斑。

习性：栖息于开阔的湖泊及沼泽地带。常成小群活动，也喜欢与其他野鸭混群。

分布：在中国迁徙时常见于北方，越冬于长江以南大部分地区和西藏南部。在张掖为常见候鸟。

罗纹鸭 *Mareca falcata* Falcated Duck

别名：镰刀鸭、扁头鸭、罗文鸭

特征：体长50厘米，体重400～1000克。雄鸟头部铜绿色，身体银色，胸前密布扇形色斑；三级飞羽极长并向下弯曲，肩羽灰白色且细长；喉斑白色，显三角状，并被深绿色的领圈包围。雌鸟整体褐色，与赤膀鸭雌鸟相似但喙色更深。

习性：繁殖于内陆湖泊、河流、沼泽等处。常与其他鸭类混群。白天喜在近水的灌丛休息，晨昏在湖泊、农田浅水处觅食。

分布：在中国繁殖于中国东北部，越冬于东部自河北以南直到海南的大部分。在张掖为不常见过境鸟。

赤颈鸭 *Mareca penelope* Eurasian Wigeon

别名：红鸭、鹅子鸭

特征：体形中等，体长45～52厘米，体重约600克。雄鸟头部红褐色，前额具黄色斑纹，胸部粉色，背部灰色；夏季过后，胸部、背部和头部变成深褐色。雌鸟很难与绿眉鸭雌鸟区分，头部、胸部和两侧深褐色，背部有可变的黑色斑纹，翅膀棕色，有一条细白带，翅膀后缘黑绿色。

习性：除繁殖期外，常成群或和其他鸭类混群，在湖泊、沼泽、河口及海湾等地活动。

分布：在中国繁殖于东北或西北，越冬于东部各地，西藏南部、海南、台湾也有本物种越冬。在张掖为常见候鸟。

斑嘴鸭 *Anas zonorhyncha* Chinese Spot-billed Duck

别名：黄嘴尖鸭、花嘴鸭、谷鸭

特征：大型深褐色鸭，体长58～63厘米，体重约1000克。浅色的头部有一深色贯眼纹，喙端黄色，喙基有一深色线条，全身体羽呈浓密扇贝形，脚棕红色。飞行时白色的翼下覆羽与深色的身体对比鲜明。

习性：栖息于湖泊、河流及沿海滩涂盐场等水域。常在陆上和水中梳理羽毛。性情温顺。以植物为主食。

分布：在中国繁殖于东北、华北、内蒙古、甘肃等地，越冬于长江以南，分布广泛，十分常见。在张掖为常见候鸟。

绿头鸭 *Anas platyrhynchos* Mallard

别名：大头绿、蒲鸭、野鸭

特征：体长55～57厘米，体重约1000克。与斑嘴鸭体形类似，家鸭是其驯化亚种。雄鸟头部绿色，喙黄色，胸部棕色，灰色身体。雌鸟整体杂褐色，喙更多为橙色或黄色，喙上有黑色和橙色斑点。雌雄都有紫色或蓝色的翅膀变色（窥羽），边缘白色，腿橙色。雄幼鸟最初看起来像雌鸟，后逐渐显示出雄鸟的颜色。

习性：常见鸭类。常成群活动于江河、湖泊、沿海滩涂等水域，也栖息在城市公园、各种湿地。

分布：在中国繁殖于西北和东北，越冬于西藏西南部和华南、华中广大地区。地区性常见鸟。在张掖为常见留鸟。

雁形目 ANSERIFORMES

鸭科 Anatidae

针尾鸭 *Anas acuta* Northern Pintail

别名：尖尾鸭、拖枪鸭、中鸭

特征：体长40～47厘米，体重500～1000克。体态优雅纤细，颈部和尾羽较长。眼睛轮廓浅，脸颊黑色，喙短，翅膀深色。雄鸟整体灰色，头部巧克力色，胸部白色，颈部有一白色纵带，尾羽长。雌鸟整体淡褐色，脸部和颈部白色，尾巴较钝，身体和翅膀黑褐色，两侧和腹部颜色较浅，喙黑色。

习性：栖息于各种类型的河流、湖泊、沼泽、开阔的沿海地带。

分布：在中国遍及中国东北和华北各省，繁殖于中国新疆及西藏有繁殖记录，越冬于南方。在张掖为常见候鸟。

绿翅鸭 *Anas crecca* Eurasian Teal

别名：小水鸭、小麻鸭

特征：小型灰色鸭，体长34～36厘米，体重约500克。喙细且娇小。雄鸟整体灰色，头部棕色，胸部乳白色且布满斑点，眼后有条宽的绿色条带；侧腹上有一条浅色和深色条纹，尾下部浅黄色，边缘黑色。雌鸟整体褐色，背部深色；翅膀上有一个宽大的绿色蹼，上面有一条白色带子，飞行时非常明显。

习性：喜集群，常集成数百至上千只的大群活动。栖息于大型湖泊、沼泽及沿海地带。

分布：在中国繁殖于新疆天山和东北大部，越冬于我国东南方。在张掖为常见候鸟。

赤嘴潜鸭 *Netta rufina* Red-crested Pochard

别名：红冠潜鸭

特征：体大健壮的深褐色鸭，体长53~57厘米，体重约1000克。雄鸟具大而圆的橙红色头部、红色的长喙和黑色的胸部，雄鸟和冬季羽色的雌鸟身体灰褐色，脸颊银灰色。雌鸟羽色单调，整体灰褐色，颊部白色，较圆的头顶褐色，翅膀表面棕色，后缘宽阔且呈白色，翅膀下表面颜色较浅。飞行时，两性都呈白色的宽翼带和偏白的翼下覆羽。

习性：活动于大型湖泊和水库，尤其喜好岸边有植被或芦苇的水域。主要通过钻水和倒立觅食。

分布：在中国繁殖于青海柴达木盆地、新疆塔里木河流域，最东可至内蒙古乌梁素海，冬季散布于华中、东南及西南各处。在张掖为常见留鸟。

红头潜鸭 *Aythya ferina* Common Pochard

别名：红头鸭、矶雁

特征：中型潜鸭，体长46厘米，体重700～1100克。雄鸟羽色独特，外观漂亮，头部栗红色，喙上有宽阔的灰蓝横带，浅灰色的身体与黑色的胸部对比鲜明。雌鸟整体灰褐色，头部有些许浅色条纹，喙深灰色，喙端附近具灰白条纹。飞行时，整体灰色，无明显的白色翼带。

习性：栖息于有茂密水生植被的湖泊和开阔水域。越冬时常与凤头潜鸭混群。

分布：在中国越冬于长江流域，向南一直分布至福建、广东、香港沿海及台湾。在张掖为常见候鸟。

青头潜鸭　*Aythya baeri*　Baer's Pochard

特征：体长45厘米，体重500～730克。极其稀有的潜鸭。两性头部均显暗绿光泽，但常因距离或光线很难看清，胸深褐。栗白分明的两胁使其在鸭类中尤其突出，与两胁棕色的白眼潜鸭和两胁灰白的红头潜鸭形成鲜明的对比。

习性：性情胆怯，成对活动。繁殖于水生植被丰富的湖泊，越冬时喜好开阔的大型水域。

分布：中国过去常见，现为罕见候鸟。在中国繁殖于东北、华北和华中等地区；迁徙时见于中国东部，越冬于华南大部地区。在张掖为不常见过境鸟。

中国保护等级：国家一级保护野生动物。

白眼潜鸭 *Aythya nyroca* Ferruginous Duck

别名：白眼凫

特征：体长41厘米，体重约500克。不常见的潜鸭。整体锈褐色，与尾下的三角状白斑对比鲜明。雄鸟眼睛白色，具突出的羽冠和较长的灰色喙部。飞行时两性都呈明显的白色翼带。

习性：深水鸟类，善潜水。栖息于芦苇丛生的湖泊、湿地及海湾中。怯生谨慎，常隐匿于芦苇丛中，成对或集小群。

分布：在中国新疆、内蒙古、西藏、甘肃、陕西、四川、云南、广西、山东、湖南等地均有分布。在张掖为常见留鸟。

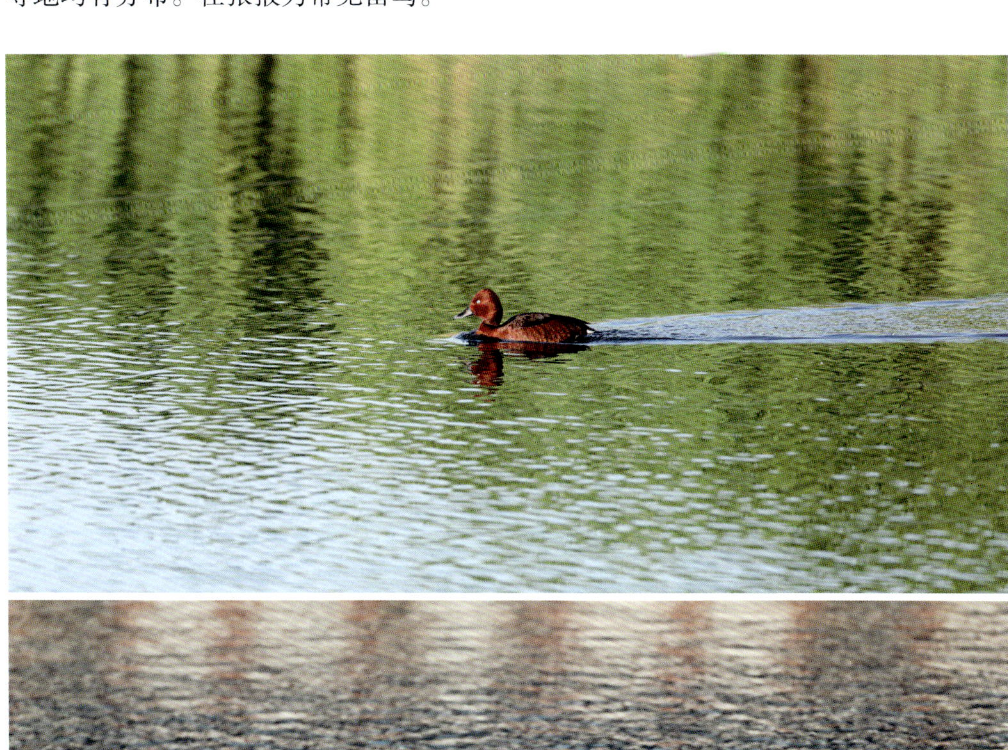

凤头潜鸭 *Aythya fuligula* Tufted Duck

别名：凤头鸭子、黑头四鸭、泽凫

特征：体长40～47厘米，体重500～900克。深色圆头，黄色眼睛，后脑勺上有一小簇。雄鸟头部黑色，在特定光线下呈现紫色，整体黑色，腹部和侧面白色，羽冠蓬松。雌鸟整体深褐色，眼睛金黄色，羽冠较短，两胁颜色更浅，且喙基处常有一块模糊的白斑。飞行时两性都呈明显的白色翼带。

习性：常见于沼泽、芦苇丛生的湖泊和开阔水域，潜水找食，白天大部分时间都在睡觉。

分布：在中国繁殖于黑龙江、吉林和内蒙古，迁徙时经中国大部地区至华南包括台湾。在张掖为常见候鸟。

鹊鸭 *Bucephala clangula* Common Goldeneye

别名：喜鹊鸭、白脸鸭、金眼鸭

特征：中等体形，体长45厘米，体重780～1000克。深色潜鸭。繁殖期雄鸟头部较大、黑色，喙基有大块圆形白斑，背部黑色，胸腹白色。雌鸟通体灰色，头部巧克力色，虹膜亮黄色。

习性：栖息于湖泊及沿海海域。喜结成大群，或与其他种类混群。捕食各种水生无脊椎动物。

分布：在中国繁殖于东北及西北地区，越冬于华北、东南沿海及长江中下游。在张掖为常见候鸟。

斑头秋沙鸭 *Mergellus albellus* Smew

别名：白秋沙，熊猫鸟，小秋沙鸭、鱼鸭

特征：小型鸭类。体长40厘米，体重500～700克。雄鸟具雪白色的外表，眼周和眼先黑色，胸侧和两肋具细黑条纹，飞行时黑白分明，易于辨别。雌鸟及雏鸟胸部、前额及顶冠则呈灰色，翼上有白圆点。鸟喙呈钩状，有锯齿，可以帮助捕捉鱼类。

习性：栖息于湖泊、河流和湿地。生性机警，单独或成小群活动。

分布：在中国繁殖于内蒙古东北部地区，越冬于东北南部、华北和以南地区。在张掖为常见候鸟。

中国保护等级：国家二级保护野生动物。

普通秋沙鸭 *Mergus merganser* Common Merganser

别名：川秋沙鸭

特征：大型鸭类，体长58～66厘米，体重约2000克。扁长的红嘴带钩，头深色，身体浅色。雄性头部棕色，颈部、胸部和腹部白色，翅膀灰色，具一个白色窥斑。雌鸟和亚成雄鸟整体灰色，头部锈褐色，喉部白色，界限分明，身体白色，背部黑色，翅膀白色而尖端黑色。在繁殖期间，雌鸟整体白色，头部深绿色，下体显桃红色泽。

习性：集群活动于河流、湖泊。耐寒，越冬于有开阔水域的北方地区。善潜水捕鱼。

分布：在中国繁殖于东部，冬季越冬于黄河以南。在张掖为常见候鸟。

雉鸡 *Phasianus colchicus* Common Pheasant

别名：野鸡、山鸡、野山鸡、七彩山鸡

特征：体长59～86厘米，体重1260～1650克。体形比家鸡小，尾巴长得多。雄鸟和雌鸟羽色不同，雄鸟羽色华丽，头部泛黑色光泽，耳羽束明显，头顶两侧各具有一束能耸立起而羽端呈方形的耳羽簇，下背和腰的羽毛边缘披散如发状；跗跖上有短而锐利的爪距，为格斗攻击的武器。雌鸟较小，整体呈深黄褐色，密布褐色斑纹。

习性：栖息于低海拔的开阔林地、灌丛、半荒漠和沼泽草地，以及林缘灌丛和公路两边的灌丛中。

分布：在中国分布范围很广，除海南和西藏的羌塘地区外，遍及全国。在张掖为常见留鸟。

石鸡 *Alectoris chukar* Chukar Partridge

别名：嘎嘎鸡、红腿鸡

特征：中型体形，体长27～37厘米，体重440～580克。雌雄相似，通体淡灰褐色，腹部和尾下覆羽暖橙色，两侧有明显的黑色纵纹，喙和眼圈红色，浅色的喉部周围有一黑色环带。

习性：通常集小群出没于疏草和灌木零落的干燥石坡上。通常在地面疾走，但雄鸟鸣唱时会显眼地停歇于大型石块上。

分布：中国北方地区常见，分布于内蒙古、宁夏、甘肃、青海、新疆等地区。在张掖为常见留鸟。

大石鸡 *Alectoris magna* Rusty-necklaced Partridge

特征：体形中等，体长约38厘米，体重440～710克。外形极似石鸡，但体形略大而偏黄色，颈部的黑带呈温暖的黄褐色，形成一个极薄的、几乎破碎的领，尾下覆羽多沾黄色，眼周裸露皮肤绯红，虹膜黄褐色，喙和跗跖均红色。

习性：经常在茂密的植被中觅食。以小群活动为主，常见5～20只。不受惊时不飞，受惊吓飞走时，发出一种惊恐的叫声。飞行以滑翔为主，距离不超过500米。

分布：中国特有鸟种，分布于青海东部至甘肃祁连山脉海拔1800～3500米的山地或峡谷地带。在张掖为常见留鸟。

中国保护等级：国家二级保护野生动物。

小䴙䴘 *Tachybaptus ruficollis* Little Grebe

特征：体形较小，体长约25～29厘米，体重650～1000克。头型圆润，后脑勺略显蓬状，小喙，喙基部有浅色斑纹。繁殖期头部灰黑色，脸颊和喉咙铁锈红色，喙基部的浅色斑纹更加明显；非繁殖期整体呈脏脏的淡褐色，头顶深色。

习性：栖息于水塘、湖泊、湿地植被丛生的地方。常隐藏在视线以外，一般单独或成小群活动。白天经常睡觉。

分布：在中国各地均有分布，包括海南、台湾。在张掖为常见留鸟。

凤头䴙䴘 *Podiceps cristatus* Great Crested Grebe

别名：浪花儿水老鸹

特征：体长46～51厘米，体重500～1000克。姿态优雅。深色耳垂和颈圈，颈部细长呈白色，羽毛深褐色，有明显深色的羽冠，下体白色，上体灰褐色。繁殖期脸颊黄栗色，羽冠黑色；非繁殖期脸部和颈部亮白色，并具一条深色贯眼纹。幼鸟头部有白色和黑色条纹。

习性：常见于湖泊、水库及河流沿岸。喜芦苇丛生水域，善建浮巢。冬季常出没于近岸的海域。繁殖时领域性强，但越冬时会成群。

分布：在中国主要繁殖于东北、西北和内蒙古、河北北部，越冬于西藏南部及长江以南、东南沿海和台湾等地区。在张掖为常见候鸟。

黑颈䴙䴘 *Podiceps nigricollis* Black-necked Grebe

特征：体形小巧，体长30～35厘米，体重约500克。圆头，额头较高，喙甚细且稍向上，眼睛红色，头顶在眼后隆起。繁殖期颊部有一簇扇形的黄色饰羽，背部黑色，身体大多红褐色；非繁殖期身体灰色，头顶黑色，脸颊白色，颈部灰色。

习性：常见于大型开阔的湖泊、池塘，及有覆盖物的溪流。

分布：在中国夏季分布于新疆天山、内蒙古东北部、吉林长白山等地，迁徙经东北、华北，西抵甘肃、青海、新疆，南至云南、四川、广东、福建、台湾等地越冬。在张掖为不常见过境鸟。

保护等级：国家二级保护野生动物。

大红鹳 *Phoenicopterus roseus* Greater Flamingo

别名：大火烈鸟

特征：大型涉禽，体长110～150厘米，体重2000～4000克。粉色、白色相间，翅膀边缘黑色，腿极长呈粉色，肥大弯曲的粉红色鸟喙带有黑色尖端，非常适合在水中筛选食物。飞行时常将颈部和双腿直伸，两翼上浓烈的粉色和黑色对比鲜明。幼鸟呈灰色。

习性：总是成群结队。一夫一妻制，求偶时会跳同步舞。多立于咸水湖泊。性机警，很少到深水域。飞行慢而平稳，飞行时常将颈部和双腿直伸。

分布：在中国新疆、青海、湖北、云南等地有分布。在张掖为不常见过境鸟。

钳嘴鹳 *Anastomus oscitans* Asian Openbill

特征：大型偏白色鹳，体长68～89厘米，体重1200～1900克。喙长而直，闭合时有明显缺口，像钳子一样，下喙有凹陷，喙角质色或红色；体羽白色至灰色；虹膜白色至褐色；脸部裸露皮肤灰黑色；脚粉红色。

习性：栖息于高海拔的池塘、稻田、浅海滩涂、河口、湖泊和河流的岸边。冬季有时集小群活动。繁殖期一般情况下在大树上集群营巢。

分布：分布于南亚次大陆至中南半岛。2006年在中国首次记录于云南大理，后续在云南、贵州、广西、四川、甘肃和青海等地区有记录。在张掖为罕见迷鸟。

黑鹳 *Ciconia nigra* Black Stork

别名：乌鹳、钢鹳、老鹳

特征：体形较大的黑色鹳，体长90～105厘米，体重2570～3000克。喙红色，长而直，基部较粗，往先端逐渐变细；头、颈、上体黑色，颈具辉亮的绿色光泽，背、肩和翅具紫色和青铜色光泽，胸亦有紫色和绿色光泽；下胸、腹、两胁和尾下羽白色；虹膜褐色或黑色；眼周裸露皮肤和脚为红色。

习性：栖息于大型湖泊、沼泽和河流附近，繁殖于崖壁或者高树上。越冬时多活动于开阔的平原，有时成家族群活动。性孤独，常单独或成对活动在水边浅水处或沼泽地上，不善鸣叫，性机警而胆小，常利用上升的热气流在空中翱翔和盘旋，行走时跨步较大，步履轻盈。休息时常单脚或双脚站立于水边沙滩上或草地上，缩脖呈驼背状。

分布：古北界广泛分布的夏候鸟。在中国繁殖于北方，越冬于长江以南地区和台湾。在张掖为常见候鸟。

保护等级：国家一级保护野生动物。

彩鹮 *Plegadis falcinellus* Giossy Ibis

特征：较小的深栗色鹮，体长48～60厘米，体重485～580克。体羽褐黑色且有金属绿色光泽，喙黑色，脚褐色，颈、背、肩和内侧翼上覆羽色浑。

习性：常活动于稻田、沼泽和浅水寸草地。喜小群居，也常与其他鹮类、鹭类集聚在一起活动。繁殖于较大乔木之上。

分布：在中国记录见于沿海、长江中下游、西部及华北一些湿地，在秦岭和云南大理记录到繁殖个体。在张掖为罕见过境鸟。

中国保护等级：国家一级保护野生动物。

白琵鹭 *Platalea leucorodia* Eurasian Spoonbill

别名：琵琶嘴鹭、琵琶鹭

特征：大型白色琵鹭，体长80～95厘米，体重1130～1960克。喙长而直，深灰色至黑色，先端黄色，上下扁平，先端膨大呈琵琶形或勺形，表面具横向条纹。成鸟绝大部分白色，头后枕部披散有浅金色的丝状冠羽，眼先具黑色线；眼周、眼先、脸、喉部裸露皮肤黄色或偏粉色；脚黑色。

习性：栖息于河流、湖泊、水库岸边及其浅水处，也见于芦苇沼泽、沿海沼泽和河口三角洲等各类生境，尤喜在河口滩涂等淤泥或细沙质的滩涂边活动觅食。一般单独或集小群活动，半夜行性。觅食时缓慢涉水，向两侧摇摆头和喙以筛取食物。

分布：在中国繁殖于新疆西北部的天山至东北各地，冬季途经中国中部，迁徙至云南及东南沿海各地、台湾和澎湖列岛。在张掖为常见候鸟。

中国保护等级：国家二级保护野生动物。

大麻鳽 *Botaurus stellaris* Great Bittern

特征：体形粗壮，大型的金褐色鳽，体长64～79厘米，体重867～1940克。头顶黑色，喉部和胸部偏白色，虹膜黄色，喙黄色，脚黄绿色；背和肩主要为黑色，上体部分和尾上覆羽皮黄色，并具有黑色波状斑纹和黑斑；尾羽为黄皮色，具黑色横斑，飞羽红褐色，有显著的波状黑色横斑和大的黑色斑片。飞行时，具有褐色横斑的飞羽与金色的翼上覆羽及背部对比明显。

习性：主要活动于河流、湖泊、池塘边芦苇丛、草丛和湿地灌木丛和沼泽中，常单独活动，在迁徙季节也集群活动，多在黄昏和晚上活动。性隐蔽，白天隐蔽在水边芦苇中。雄性常发出低沉的如牛叫的声音。

分布：在中国分布于东北和华北，繁殖于天山及东北各地，冬季南迁至长江流域、东南沿海各地，台湾和云南南部。在张掖为不常见候鸟。

黄苇鳽 *Ixobrychus sinensis* Yellow Bittern

特征：小型涉禽，体长30～40厘米，体重52～103克。皮黄色和黑色。成鸟头顶黑色，上体浅黄褐色，下体土黄色，飞羽黑色，下颈基部和上胸有黑褐色斑块，眼先裸露处呈黄绿色，喙峰褐色，脚黄绿色。未成年鸟与成年鸟相似，相比之下褐色较浓，虹膜黄色，喙黄褐色，脚黄绿色，全身纵纹密布，两翼与尾部黑色。

习性：喜湿地稻田和芦苇荡中，早晚活动较多，长时间站立不动。性隐蔽，常单独或成双活动，在浅水中漫步觅食。

分布：在中国为常见鸟，繁殖于东北、华北、华东、华南和西南地区，在台湾、海南、广东等地为留鸟，越冬于热带地区。在国外繁殖于西伯利亚东南部，朝鲜半岛和日本，越冬于东南亚、菲律宾和印度。在张掖为罕见过境鸟。

黑鳽 *Ixobrychvs flavicollis* Black Bittern

特征：中小型近黑色的鳽，体长50～60厘米，体重300～420克。雄鸟全身以黑蓝色为主，喙长而直，颈侧黄色，喉部具黑色和黄色纵纹，前颈和上胸为淡皮黄白色，并有黑色和棕色斑点形成纵向条纹向下延伸到胸，喉部具栗色和黑色斑点形成条纹，羽缘黄白色。雌鸟上体羽色暗褐色且无光泽，头两边和眼下栗色，颏、喉和前颈白色并具有棕色或黑褐色，羽端淡褐色而具黄白色羽缘。

习性：主要栖息于湖泊、水塘、沼泽、芦苇丛、稻田等地，常单独或成双在开阔的湿地中活动，夜出较多，有时白天也在芦苇丛中觅食，营巢于沼泽上密布的植被中。在南方也在竹林和红树林中活动。

分布：在中国繁殖于秦岭、淮河以南地区，指名亚种为不常见的夏候鸟，在东南沿海、华南沿海、长江中下游也进行繁殖。在张掖为不常见候鸟。

夜鹭 *Nycticoax nycticorax* Black-crowned Night Heron

特征：小型鹭类，体长约50厘米，体重450～750克。体较粗胖，颈部短，喙尖细且黑色，头顶及背上黑绿色，颈部和胸部白色，枕部有两条白色丝状羽，两翼和尾部灰色，虹膜红色，脚黄色。

习性：栖息于溪流、池塘、江河、沼泽和水田区域。夜出性，喜结群，白天常隐蔽在沼泽和灌丛株间。一般颈缩长期站立一处不动，体呈驼背状。飞翔能力强、快而无声，主要在树上集群营巢。

分布：在中国常见于华东、华中及华南的低海拔地区。在张掖为常见候鸟。

池鹭 *Ardeola bacchus* Chinese Pond-Heron

特征：中小型鹭类，体长50厘米，体重270～320克。两翼白色，体具有黑色纵纹。繁殖期头部栗红色，有数条冠羽伸直头后，胸部红褐色，飞行时体白色而背部深褐色，虹膜黄色，喙黄色，脚黄绿色；非繁殖期无冠羽和黑褐色蓑羽。

习性：大多数时间栖息于沼泽、池塘、水田，单独或集小群觅食，繁殖时与其他鹭类常混群在大的树上营巢。

分布：在中国西北、华北及东北西南地区分布较广，冬季见于长江流域及以南地区。在张掖为常见候鸟。

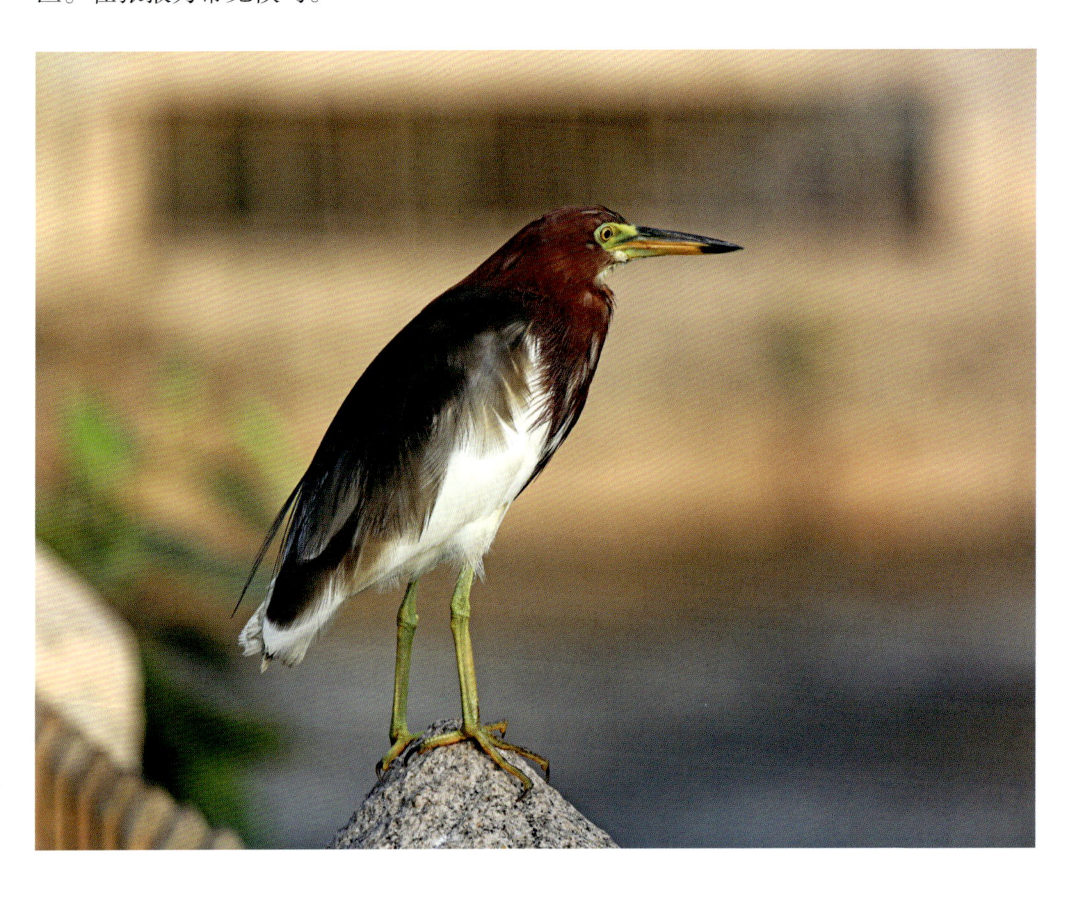

牛背鹭 *Bubulcus coromandus* Eastern Cattle Egret

特征：体形较小，体长45～55厘米，体重340～390克。通体白色，繁殖期时头颈橙黄色，虹膜、喙、跗跖和眼先短期呈亮红色，之后变为黄色，颈部有较短的杏黄色蓑羽，背上有一束红棕色蓑羽；非繁殖期通体白色，喙颈较短，易于辨别，虹膜黄色，喙皮黄色，脚黑色。

习性：多见于平原、耕地、沼泽等处。常与家畜混在一起，在水牛等牲畜周围活动，有时也站在牛背上啄食寄生虫，顾名思义"牛背鹭"，常成对或集小群活动，休息时喜欢站在树枝上，颈缩成"S"形。傍晚集小群飞过水域回到夜栖地。营巢于近水面的灌木或树上。

分布：在中国分布于长江以南各地，夏季活动延伸至华北地区。在张掖为不常见候鸟。

苍鹭 *Ardea cinerea* Grey Heron

别名：长脖老等、捞鱼鹳

特征：大型涉禽，全身青灰色，体长90～100厘米，体重1020～2073克。额及冠羽白色，成鸟有黑色贯眼纹和冠羽；飞羽、翼角以及两道胸斑为黑色，头、颈、胸和背部为白色；枕部有两条黑色冠羽似两条辫子；头侧和颈部灰白色，喉下颈部羽毛较长，尤其在繁殖期特别明显，中央有一黑色纵纹延伸至胸部；虹膜黄色，眼先裸皮在繁殖期为蓝色，喙黄色而繁殖期带彩粉色，脚黑色。

习性：常在浅水中长时间单脚站立不动。性孤僻，大部分时间活动于沼泽、塘坝、海岸地带，也结小群一起生活，颈常曲缩于两肩之间，飞行时两翼鼓动缓慢，颈缩成"工"字形，两脚向后伸直，并拖于背后。

分布：在中国南北方各地均有分布。在张掖为常见候鸟。

草鹭 *Ardea purpurea* Purple Heron

特征：大型鹭类，体长70～90厘米，体重525～1345克。以栗色为主，顶冠黑色，并具有两条辫状冠羽，颈部棕色，侧面具黑色纵纹，颈下有白色饰羽，背部和翼覆羽灰色，飞羽为黑色，肩部羽毛红褐色，虹膜黄色，喙黄色，脚黄色。

习性：主要栖息于湖泊、河流、沼泽、池塘、水库的浅水处，特别是喜欢生有芦苇和水生植物的水域。常单独或集小群活动，也和苍鹭、白鹭混群栖息。有时也长时间站立不动等待浮游食物的到来，飞行时颈向后缩成"Z"字形，头缩至两肩，脚向后伸直。

分布：在中国南北各地均有分布，冬季越冬于长江中下游和台湾、海南。在张掖为不常见候鸟。

大白鹭 *Ardea alba* Great Egret

特征：大型白色鹭类，体长90～100厘米，体重700～1500克。比其他鹭类的体形大，全体洁白，脚甚长，两性相似。繁殖期背部蓑羽长而发达，如细丝般披散在尾上，繁殖期过后蓑羽消失，喙较厚重，黑色，眼先裸露皮肤蓝绿色，腿部皮肤红色，脚黑色，虹膜黄色；非繁殖期喙黄色。

习性：主要在池塘、苇塘、沼泽、水田边栖息，常单独或集小群活动，偶尔也和其他鹭类混群，白天活动，觅食于浅水中。

分布：在中国几乎遍布全境，为地区性常见留鸟，指名亚种繁殖于新疆西北部，迁徙经中国北部至西藏南部越冬。在张掖为常见候鸟。

白鹭 *Egretta garzetta* Little Egret

特征：中型白色鹭，体长55～60厘米，体重280～638克。体态纤瘦，全身洁白，喙和跗跖黑色，趾黄色，也有灰色个体。繁殖期枕部有两条带状长羽，垂在头后，背胸部有蓑羽状，虹膜黄色，眼先裸皮为粉红色；非繁殖期，没有头部饰羽和背部蓑羽，雌雄无显著差异。

习性：常栖息于沼泽、池塘、湿地草地、稻田间，集散群觅食，常与其他鸟类混群。繁殖期集群在大树上筑巢。飞行时呈“V”字编队。

分布：在中国广泛分布于各省，指名亚种为常见留鸟或候鸟，分布于包括台湾和海南在内的南方地区，部分个体冬季迁至南方热带地区。在张掖为常见候鸟。

中白鹭 *Ardea intermedia* Intermediate Egret

特征：体形介于白鹭和大白鹭之间，体长60～70厘米。全身白色，眼先黄色，喙相对较短，颈部呈“S”形。繁殖期颈下和背上有针状蓑羽，喙和腿部短期内呈粉红色，眼先裸露皮肤红色，虹膜黄色；喙繁殖期黑色，非繁殖期黄色。

习性：栖息于河流、湖泊、沼泽、水塘和稻田红树林中。与其他水鸟混群营巢。飞行时颈缩成“S”形，两脚伸直向后，超出出尾外，两翅鼓动缓慢。白昼或黄昏活动。

分布：在中国东北部和华北为夏候鸟，长江中下游以南的华南各地为留鸟，广东、海南、台湾为冬候鸟。在张掖为不常见候鸟。

黄嘴白鹭 *Egretta eulophotes* Chinese Egret

特征：中型白色鹭，体长58～70厘米，体重320～650克。繁殖羽与其他白色鹭类区别比较明显，枕后冠羽较长，脸部裸皮蓝色，喙黄色，腿黑色，虹膜黄褐色，脚趾黄色；非繁殖期喙黑色，下喙基黄色，脚趾黄绿色。

习性：常栖息于沿海河口、沼泽、滩涂岛屿沿岸湿地。单独或成对和集小群活动，偶尔也有数只在一起活动，有结群营巢和其他鹭共域繁殖的习性。长颈和长腿对于捕食水中的动物显得非常灵巧。

分布：在中国繁殖于辽东半岛和山东、江苏、浙江、福建及沿海岛屿，曾有在香港和内蒙古赤峰为旅鸟繁殖的记录，迁徙时见于西沙群岛。在张掖为罕见过境鸟。

保护等级：国家一级保护野生动物。

卷羽鹈鹕 *Pelicanus crispus* Dalmatian Pelican

特征：大型暗灰色鹈鹕，体长160～183厘米，体重10000～13000克。喙宽大，长而尖，铅灰色，上下嘴缘的后半段均为黄色，前端有一个黄色爪状弯钩；下颌上有一个橘黄色或淡黄色与嘴等长且能伸缩的大型皮囊；全身银白色，并有灰色；头上的冠羽呈卷曲状，枕部羽毛延长卷曲；颊部和眼周裸露的皮肤均为乳黄色或肉色；颈部较长；夏季腰和尾下覆羽略带粉红色；翅膀宽大；尾羽短而宽；腿较短，脚为蓝灰色，四趾之间均有蹼。

习性：栖息于内陆湖泊、江河、沼泽、河口和沿海地带。鸣声低沉而沙哑。喜群居和游泳，善于翱翔与陆地行走，觅食时从高空直扎入水中捕食。

分布：在中国罕见于北方，冬季迁徙途经河北、山东至南方，少量个体定期越冬于香港。在张掖为罕见过境鸟。

保护等级：国家一级保护野生动物。

暗绿背鸬鹚 *Phalacrocorax capillatus* Japanese Cormorant

别名：绿鸬鹚

特征：体形较大，体长81～92厘米，体重2000～2500克。喙长直且尖，较粗壮，呈圆锥形，先端弯曲成钩状，嘴基和口裂、喉囊黄色，眼深绿色；体羽黑绿色，有蓝绿色金属反光；颊后方及后头有白色羽毛；背暗绿色，羽缘黑色，胁有白色粗斑；嘴、眼周裸露无羽；尾较长且圆，翅较宽长，背、肩和翅上覆羽为暗绿色，颊后方、后头和后颈杂有白色丝状羽，两胁各有一个大的白斑。

习性：栖息于温带海洋沿岸和附近岛屿及海面上，迁徙和越冬时也见于河口及邻近的内陆湖泊。喜群集于沿海岛屿或沿海石壁上。

分布：东亚特有种，在中国繁殖于东北南部，在河北和山东，冬季向南迁至浙江、福建、台湾、云南等地。在张掖为不常见过境鸟。

普通鸬鹚 *Phalacrocorax carbo* Great Cormorant

别名：水老鸦、鱼鹰

特征：体形最大的鸬鹚，体长77～94厘米，体重1810～2810克。喙长而粗，浅灰色，嘴基和口裂、喉囊黄色，眼深绿色。成鸟通体黑色，有绿褐色金属光泽，颊、颏和上喉白色，繁殖羽颈及头饰具白色丝状羽，冬羽则消失，冬末或春初时两胁具白色斑块。亚成鸟深褐色，下体污白，头部及上颈部分有白色丝状羽毛，后头部有一不很明显的羽冠。

习性：栖息于内陆湖泊、河流、池塘、水库、河口及其沼泽地带。常停栖在岩石或树枝上晾翼。平时栖息于河川和湖沼中，夏季在近水的岩崖或高树上，或沼泽低地的矮树上营巢。性不甚畏人。通常成小群活动，多时数量可达上百只。

分布：在中国繁殖于各地的适宜环境，大群聚集于青海湖，迁徙途径中部地区，越冬于南方各地，包括海南和台湾。在张掖为常见候鸟。

鹗 *Pandion haliaetus* Osprey

特征：中型猛禽，体长51～64厘米，体重1200～1740克。头部白色，头顶有黑褐色纵纹，枕部有短的羽冠，头的侧面有一条较宽的黑带，上体多为暗褐色，下体白色，尾部有多道黑色带，颏部、喉部有细微的暗褐色羽干纹，胸部有赤褐色斑纹。白色的下体和翼下覆羽同翼角的黑斑，虹膜淡黄色或橙黄色，眼周裸露皮肤铅黄绿色，喙黑色，蜡膜铅蓝色，脚和趾黄色，爪黑色。

习性：栖息于湖边、河流、海岸等地，一般单独活动，或成双活动，在水上面缓慢盘旋或振翅停于空中然后扎于水中觅食，捕食后用爪牢牢抓住飞往安全地带享用。

分布：在中国分布于大部分地区，其中，在东北、内蒙古、新疆、甘肃、宁夏为夏候鸟，在上海、浙江、台湾、两广地区为冬候鸟。在张掖为常见候鸟。

保护等级：国家二级保护野生动物。

高山兀鹫 *Gyps himalayensis* Himalayan griffon

特征：大型浅卡其色鹫，体长100～140厘米，体重8000～12000克。头部和颈部裸露，仅有稀疏的被有少数淡黄色或白色绒羽，颈基部长的披针形羽簇向似针矛，颜色为淡皮黄色的黄褐色，上体和翅上覆羽淡黄褐色，下体淡白色或皮黄色，飞羽黑色，虹膜暗黄色，喙黄绿色或黄色，蜡膜淡褐色或绿褐色，脚趾绿灰色。

习性：栖息于海拔2500～4500米的高山、草原及河谷地带。常结群活动，经常停歇在山崖或山坡上，常在高空翱翔盘旋寻找地面腐尸，也食老弱病残的动物。

分布：在中国分布于西藏、甘肃、青海、宁夏、内蒙古、新疆等地，但在西藏常见。在国外分布于亚洲中部和印度北部以及环喜马拉雅山区的国家。在张掖为常见留鸟。

保护等级：国家二级保护野生动物。

短趾雕 *Circaetus gallicus* Short-toed Snake Eagle

特征：大型猛禽，体长60～70厘米，体重1200～2300克。上体灰褐色，下体白色并具有深色纵纹，喉、胸部褐色，有锈色纵纹，腹部有褐色横斑，尾羽较长并具有模糊的宽斑，虹膜黄色，喙黑色，蜡膜灰色，脚灰绿色，眼先、额、颏、眉纹和眼下白色。雄鸟和雌鸟外观相似，尾巴稍长。

习性：栖息于林缘地区和次生灌丛，或低山丘陵和山地平原地带有稀疏树木的开阔地区，也在干旱草原及半荒漠地区活动。常单独活动。飞翔时两翅平伸。

分布：在中国繁殖于新疆西北部至华北。在张掖为不常见候鸟。

保护等级：国家二级保护野生动物。

乌雕 *Clanga clanga* Greater Spotted Eagle

特征：中大型猛禽，体长61～74厘米，体重1700～2500克。成鸟上体为暗褐色，下体颜色较淡，背部略微缀有紫色光泽，颏部、喉部和胸部为黑褐色，尾羽较短且圆，基部有一个“V”字形的白斑和白色端斑。虹膜为褐色，喙黑色，基部较浅淡，蜡膜和趾黄色，爪黑褐色，飞行时两翅平直。

习性：栖息于靠近湖泊的开阔沼泽地区，也栖息于低山丘陵和开阔平原地区的森林和林缘地带。性情孤僻，常站立于树梢上，在林间沼泽和河谷地区上空盘旋觅食。

分布：在中国分布于大部分地区，但比较罕见。在张掖为不常见候鸟。

保护等级：国家一级保护野生动物

草原雕 *Aquila nipalensis* Steppe Eagle

特征：大型猛禽，体长70～82厘米，体重2300～4900克。通体褐色，体色变化较大，有淡灰褐色、棕褐色、土褐色、暗褐色等色型，尾上覆羽棕白色，尾羽黑褐色，翅膀后缘颜色较深，静立翅膀收拢时尤为突出，呈现出深色的斑纹，虹膜暗黄色，喙灰褐色，端部黑色，脚淡黄色，辣馍褐黄色，趾黄色，爪黑色。

习性：栖息于开阔的平原、草地、荒

漠和低山丘陵地带的干草原，也在湿地边缘活动，主要在白天活动。时常站立于电杆和稀疏的高大树木上和地面上，性机敏。

分布：在中国甚常见于北方的干旱地区，繁殖于西部高原和内蒙古、河北、黑龙江，迁徙时见于中国大部分地区，越冬于辽宁、河北、甘肃和长江以南多地。在张掖为常见候鸟。

中国保护等级：国家一级保护动物

白肩雕 *Aquila heliaca* Eastern Imperial Eagle

特征：大型褐色猛禽，体长68～84厘米，体重2450～4530克。体羽黑褐色，头部和颈部颜色较淡而呈皮黄色，眉部有明显的白斑，尾基具黑色和灰横斑，体羽和翼下覆羽金黑色。滑翔时两翼弯曲，成“V”字形，尾长，虹膜红褐色，喙灰蓝色，脚黄色，爪黑色，蜡膜和趾为黄色。

习性：栖息于山地、森林、低山丘陵、平原、荒漠、半荒漠、草原、沼泽及河谷地带。常单独活动，有时长时间停息于空旷地区的树林上，岩石和地面上，靠近湿地繁殖。觅食活动主要在白天，以啮齿类和小型动物为主食。

分布：在中国仅有指名亚种，分布于河北、辽宁、吉林、香港及南方和西北地区，但比较少见，在新疆为留鸟或繁殖鸟。在张掖为罕见候鸟。

保护等级：国家一级保护野生动物。

金雕 *Aquila chrysaetos* Golden Eagle

特征：大型猛禽，体长86～105厘米，体重3000～6400克。虹膜栗褐色，喙的基部蓝灰色，端部为黑色，蜡膜和趾为黄色，爪黑色，上体棕褐色，颈后羽金黄色，尾灰褐色，羽长而圆，并有黑色横斑和端斑，尾羽根部及双翼下面有白斑，在空中飞行时非常明显。

习性：栖息于草原、荒漠、河谷、岩崖等地带。常借助气流在高空展翅盘旋，翅膀呈深“V”字形。一般单独或成对活动，白天活动，或在空旷地区的高大树枝上歇息。

分布：在中国分布于大部分地区，中国有两个亚种，其中，东北亚种分布于内蒙古东北部和黑龙江、吉林等地，其他地区的都属于中亚亚种，有的也可能是一些旅鸟或冬候鸟。在张掖为常见候鸟。

保护等级：国家一级保护野生动物。

雀鹰 *Accipiter nisus* Eurasian Sparrowhawk

特征：中型鹰，体长31～41厘米，体重130～300克。雄鸟头、背青灰色，眉纹白色，喉布满褐色纵纹，下体具细密的红褐色横斑。雌鸟上体灰褐色，头后杂有少许白色，眉纹白色，喉具褐色细纵纹，无中央纹，下体白色或淡灰白色且具褐色横斑，尾具4～5道黑褐色横斑。幼鸟头顶至后颈栗褐色，喉黄白色，具黑褐色羽干纹，胸具斑点状纵纹，胸以下具黄褐色或褐色横斑。

习性：一般栖息于森林覆盖良好的山地森林和开阔的林地，也出现在林地覆盖良好的城市和公园，通常栖息在森林中或林地边缘。日行性，常单独活动。

分布：在中国分布于东北和西北等地，越冬于长江以南地区，部分在南方为留鸟。在张掖为常见候鸟。

保护等级：国家二级保护野生动物。

苍鹰 *Accipiter gentilis* Northern Coshawk

特征：中型猛禽，体长47～60厘米，体重894～1400克。虹膜金黄色，喙黑色，喙基呈铅蓝灰色，脚和趾为黄绿色，蜡膜为黄绿色，无羽冠和喉中线，有标志性的白色宽眉纹。成鸟下体白色，具粉褐色横斑，上体深苍灰色，后颈有白色细纹，雌鸟体形明显大于雄鸟。在高空盘旋时常张开尾羽，两翅前缘显深且较平直，飞行时两翼宽阔而较长，翼下白色而密布黑褐色横带。

习性：栖息于森林地带，飞行速度较快，视觉敏锐，善于飞翔。白天活动，通常单独活动，有时也在林缘开阔地带飞行和滑翔。以各种鼠类、小型动物为主食。

分布：在中国分布有5个亚种，*schvedowi*亚种繁殖于东北地区和西北地区，冬季迁至长江以南；*khamensis*亚种繁殖于青藏高原、云南西部和甘肃南部，冬季迁至低海拔地区和云南南部，*buteoides*亚种越冬于天山地区；*albidus*亚种越冬于东北；*fujiyamae*亚种越冬于台湾。在张掖为常见候鸟。

保护等级：国家二级保护野生动物。

白头鹞 *Circus aeruginosus* Western Marsh Harrie

特征：中型猛禽，体长45～55厘米，体重405～960克。上体为栗褐色，头部至后颈为棕皮黄色或淡黄白色，头部棕灰色，有深色条纹，翅膀中部银灰色，尖端黑

色，下体棕红色，尾灰色。雌鸟大于雄鸟，羽毛深褐色，眉部淡黄色。虹膜黄色，喙黑色，脚灰绿色，爪黑色。

习性：栖息于低山平洼地区的河流、湖泊、沼泽、芦苇塘等开阔水域及其附近地区。主要活动于早晨或傍晚，一般单独活动，也成对活动。多在水边草地或沼泽地面低空飞行。

分布：在中国分布于全国大部分地区，繁殖于北方地区，冬季越冬于南方各地。在张掖为不常见候鸟。

保护等级：国家二级保护野生动物。

白腹鹞 *Circus spilonotus* Eastern Marsh Harrier

特征：中型深色鹞，体长48～58厘米，体重405～960克。头顶至上顶白色，具宽阔的黑褐色纵纹，上体黑褐色，尾上覆羽白色，尾羽银灰色，下体近白色，喉部和胸部具有黑褐色纵纹，虹膜橙黄色，喙黑褐色，喙基淡黄色，蜡膜暗黄色，脚淡黄绿色。

习性：主要栖息和活动在沼泽、苇塘、江河、湖泊沿岸及较潮湿的地方。性机警而孤独，常单独或成双活动，多见在沼泽和苇塘上空低空飞行，两翅向上形成“之”或“V”字形。

分布：在中国仅有指名亚种，分布于大部分地区，在东北及内蒙古为夏候鸟，冬季越冬于北纬30°以南。在张掖为不常见候鸟。

保护等级：国家二级保护野生动物。

白尾鹞 *Circus cyaneus* Hen Harrier

特征：中型灰色或褐色鹞，体长42～50厘米，体重300～700克。比白头鹞和白腹鹞更小和更纤细。雄鸟上体蓝灰色，头和胸较暗，翅尖黑色，尾上覆羽白色，腹、两胁和翅下覆羽白色。雌鸟上体暗褐色，尾上覆羽白色，下体皮黄白色或棕黄褐色，杂以粗的红褐色或暗棕褐色纵纹。飞行时白色的腰部清晰可见。虹膜浅褐色，喙尖灰褐色，喙基淡黄色，蜡膜黄色，脚黄色。

习性： 栖息于开阔原野、草地和农田生境，尤其平原上的农耕地、沿海沼泽和芦苇塘等开阔地区。常沿地面低空飞行，频频鼓动两翼，两翅上举成"V"字形，飞行极为敏捷迅速。有时又栖于地上不动，注视草丛中猎物的活动。

分布： 在中国较为常见，指名亚种繁殖于东北、华北大部地区和新疆，迁徙时经过中国大部分地区，越冬于长江中下游、东南沿海和西藏南部、云南、贵州，偶见于香港和台湾地区。在张掖为常见候鸟。

保护等级： 国家二级保护野生动物。

黑鸢 *Milvus migrans* Black Kite

特征： 中型猛禽，体长54～65厘米，体重750～1080克。上体暗褐色，下体棕褐色，飞翔时翼下左右各有一块大的白斑，虹膜暗褐色，喙黑色，脚黄色，爪黑色，耳羽黑褐色，头顶至后颈棕褐色，具黑色羽干纹，中覆羽和小覆羽淡褐色，初级飞羽黑褐色，尾较长，呈叉状。

习性： 白天活动，常利用上升的气流在高空盘旋，常站立在树枝和电杆上，常在草原、城郊、河流附近、沿海地区活动。

分布： 在中国广泛分布，在*lineatus*亚种常见并分布广泛，高至海拔5000米处可见，但冬季迁至低海拔地区；*govinda*亚种为云南西部和西藏东南部的留鸟。在张掖为常见候鸟。

中国保护等级： 国家二级保护动物。

玉带海雕 *Haliaeetus leucoryphus* Pallas's Fish Eagle

特征：大型猛禽，体长76～88厘米，体重2000～3000克。头部、颈部淡皮黄色，喉部皮黄白色，颈部的羽毛较长，呈披针状，体羽黑褐色，下体棕褐色，尾羽为圆形，全白色，上体暗褐色，眉部羽毛具棕色条纹，尾羽中间具一道宽阔的白色横带斑，虹膜黄色，喙铅灰色，脚黄色，蜡膜淡黄色，头细长，颈较长，翼下近黑色飞羽和深栗色覆羽形成对比，喙大而粗。

习性：通常在内陆草原环境中的湖泊、沼泽以及较大的河流生活。会长时间静止的直立于杆上和树上。飞行缓慢。繁殖期叫声响亮。

分布：在中国不常见；繁殖于新疆西部和中部、青海、甘肃、内蒙古、黑龙江和西藏南部，迁徙经过中部和东北部，南至江苏。在张掖为不常见候鸟。

保护等级：国家一级保护野生动物。

白尾海雕 *Haliaeetus albicilla* White-talied Sea Eagle

特征：大型猛禽，体长84～92厘米，体重3100～6900克。体羽多为暗褐色，后颈和胸的羽毛披针状，较长，头部、颈部的羽毛颜色较淡，淡褐色或淡黄褐色，喙黄色，虹膜黄色，脚黄色，爪黑色，蜡膜黄色，尾部白色，翼下飞羽近黑色而和深栗色覆羽形成对比，尾短而呈楔形。

习性：栖息于湖泊、河流、海岸、岛屿及河口地区，主要捕食鱼类。冬季常蹲在冰面上捡拾死鱼和其他鸟类，飞行时振翅缓慢，高空飞行两翼弯曲向上扬。

分布：在中国仅有指名亚种，分布于大部分地区，但较为罕见，在黑龙江和内蒙古为夏候鸟，在辽宁、河北、北京、山西为旅鸟，在长江以南为冬候鸟。在张掖为常见候鸟。

保护等级：国家一级保护野生动物。

毛脚鵟　*Buteo lagopus*　Rough-legged Buzzard

特征：中型猛禽，体长50～60厘米，体重1240～1430克。头部和胸部为乳白色，并有褐色纵纹，喙为黑色，蜡膜脚和趾黄色，爪为褐色，虹膜黄色，背部暗褐色并有淡色的羽缘，尾羽白色并有宽阔的黑褐色亚端斑，腿上被羽一直到脚趾的基部。

习性：栖息于北方针叶林和苔原活动，冬季常在开阔的农田、草原地带活动，也经常站在电线杆上或树梢上，主要是来观察地面的猎物。翱翔时双翅呈很深的“V”字形。以鼠类、兔子为主食。

分布：在中国北方地区为冬候鸟，也有部分个体到南方越冬，北京、河北、山西、内蒙古、新疆及东北、长江流域西北等地也有分布。在张掖为常见候鸟。

保护等级：国家二级保护野生动物。

大鵟　*Buteo hemilasius*　Upland Buzzard

特征：大型猛禽，体形最大的鵟类，体长57～71厘米，体重950～2050克。体色变化较大，有淡色型、暗色型和中间型等类型。虹膜黄褐色或黄色，喙为黑褐色，蜡膜黄绿色，脚趾黄色或暗黄色，爪黑色。飞行时翅膀较长而尾较短，下体深色部分接近下腹部，深色带在下体中央不相连，尾部常为褐色。存在黑化型，腿强壮而被羽毛。

习性：栖息于山地，山脚平原、草原、农田、村庄等地，常常单独或成小群活动，常在下午的时候在空中作圆圈状的翱翔。休息时多栖息于山地山顶，高大树上或电塔之上。视力很好，在高空就能发现地上的动物。

分布：在中国分布于大部分地区，在东北和内蒙古、西藏、新疆、青海、甘肃等地为繁殖鸟，可能也在中国西北部繁殖。在张掖为常见候鸟。

保护等级：国家二级保护野生动物。

普通鵟 *Buteo japonicus* Eastern Buzzard

特征：中型猛禽，体长51～59厘米，体重515～970克。体色变化较大，通常上体为暗褐色，下体乳白色，两肋和腿部深色，颊部有深色条纹，虹膜黄色，喙铅灰色，脚黄色。飞行时可见翅下初级飞羽基部有白斑，飞羽外缘和翼角黑色，尾羽展开呈扇形。

习性：常见栖息于山地森林、林缘、平原、荒漠、旷野、村庄等地。以单独活动为主。主要在白天活动，性机警、视觉敏锐，也集小群在空中盘旋，另外也栖息于树枝或电线杆上等高处等待猎物。

分布：在中国分布有2个亚种，新疆亚种在新疆西部喀什和天山一带活动，普通亚种繁殖于黑龙江、吉林和内蒙古东北部，迁徙越冬于中国大部分地区。在张掖为常见候鸟。

保护等级：国家二级保护野生动物。

喜山鵟 *Buteo refectus* Himalayan Buzzard

特征：中型猛禽，体长45～53厘米，体重575～1073克。上体深红褐色，尾上覆羽有细横纹，下体红褐色，翅较长，虹膜黄色，喙铅灰色，蜡膜黄色，脚黄色。飞翔时两翼宽阔，略呈“V”字形，在初级飞羽的基部有明显的白斑，翼下为肉色或者全为黑褐色，尾羽呈扇形展开。在高空飞翔时两翼。

习性：常见于开阔平原、荒漠、有林山地、林缘草地，一般单独活动，主要在白天。性机警，视觉敏锐，善于飞翔，有时也常栖息于高大树木或电杆顶端。俯视猎物。

分布：在中国*japonicus*亚种繁殖于东北各省的针叶林中，冬季南迁至南方各地，在西藏到西南山地也有繁殖。在张掖为不常见过境鸟。

保护等级：国家二级保护野生动物。

棕尾鵟 *Buteo rufinus* Long-legged Buzzard

特征：中型猛禽，体长50～65厘米，体重690～1300克。具有深色型和浅色型两种，以棕黄色的尾羽和其他近似种类相区别，腿长而不被毛，虹膜重黄褐色或淡黄褐色，喙黑色或石板褐色，尖端黑色，下嘴的基部和口角为黄色，蜡膜黄绿色，脚和趾黄色或柠檬黄色，尾上覆羽通常呈浅锈色至橙色而无横斑。滑翔时高角度扬起。

习性：栖息于荒漠、半荒漠、草原、平地，很少活动于森林地带。一般单独活动偶尔也成群相伴。常站立在地上、岩石上和电杆上端，有时也站在树上。喜欢在空中圆圈状盘旋，两翅成“V”字形，发现猎物立刻冲下捕捉。

分布：在中国新疆西部天山、准噶尔盆地、吐鲁番盆地繁殖，为留鸟，迁徙或越冬至甘肃、云南和西藏南部、东南部。在张掖为常见候鸟。

保护等级：国家二级保护野生动物。

大鸨 *Otis tarda* Great Bustard

别名：老鸨、独豹、野雁

特征：体长75～105厘米，体重3800～8750克。颈长，头小，头颈部浅灰色，下体至尾下覆羽白色，颈背至背棕褐色而带明显深棕色、黑色横斑虹膜黑色，喙青灰色，跗跖灰白色。雄鸟比雌鸟体形大。

习性：主要栖息于开阔的平原、干旱草原、稀树草原和半荒漠地区，也出现于河流、湖泊沿岸和邻近的干湿草地，特别是在冬季和迁徙季节。性机警，很难靠近，善奔跑、不鸣叫。大部分时间集群活动。

分布：在中国普通亚种繁殖于黑龙江的齐齐哈尔，吉林的通榆、镇赉，辽宁西北部，以及内蒙古等地，越冬于辽宁、河北、山西、河南、山东、陕西、江西、湖北等地，偶尔也见于福建，此外也有少数种群终年留居在繁殖地。在张掖为常见候鸟。

保护等级：国家一级保护野生动物。

西方秧鸡 *Rallus aquaticus* Western Water Rail

别名：西秧鸡

特征：小型涉禽，体长30厘米，体重85～135克。头小，躯干削瘦，喙、颈、跗跖和前三趾都长，上体羽毛暗灰褐色，带有黑色斑纹，头部斑纹非常显著，两翼表面大半灰褐色，下体褐色，两胁更具白斑，肛周围和尾下覆羽黑白相间，羽尖白色，虹膜红褐色，喙几近红色，喙峰角褐色，先端灰绿色，脚肉褐色。

习性：栖息于开阔平原、低山丘陵和山脚平原地带的沼泽、水塘、河流、湖泊和河流的茂密芦苇中。性甚隐秘。常单独或成小群于夜间或晨昏活动，白天多匿藏在茂密的草丛或灌丛下。杂食性，动物性食物有小鱼、甲壳类动物、蚯蚓、蚂蟥、软体动物、虾、蜘蛛、陆生和水生昆虫及其幼虫，也吃被杀死或腐烂的小型脊椎动物；植物性食物有嫩枝、根、种子、浆果和果实。

分布：在中国*korejewi*亚种见于中国西北至四川。在张掖为罕见候鸟。

普通秧鸡 *Rallus indicus* Eastern Water Rail

特征： 体长22～29厘米，体重85～195克。头顶至枕部黑色，带褐色羽缘，头侧石板灰色，上体羽毛橄榄褐色，带黑色中央条纹，翼和尾黑褐色，翼缘棕白色，下体颏、喉乳白色，下喉、前颈至胸石板蓝灰色，肋和尾下覆羽黑色，带白横斑。

习性： 栖息于开阔平原、低山丘陵和山脚平原地带的沼泽、水塘、河流、湖泊等水域岸边。性甚隐秘，常单独或成小群于夜间或晨昏活动。动物性食物有小鱼、甲壳类动物、蚯蚓、蚂蟥、软体动物、虾、蜘蛛、陆生和水生昆虫及其幼虫；植物性食物有嫩枝、根、种子、浆果和果实，秋冬季节吃的植物性食物比例较多。

分布： 在中国繁殖于北方多地，越冬于东南至西南地区。在张掖为常见候鸟。

黑水鸡 *Gallicrex chloropus* Common Moorhen

别名： 红骨顶

特征： 体长24～35厘米，体重140～400克。头、颈及上背灰黑色，下背、腰至尾上覆羽和两翅覆羽暗橄榄褐色，飞羽和尾羽黑褐色，下体灰黑色，向后逐渐变浅，下腹羽端白色较大，形成黑白相杂的块斑，两肋具宽的白色条纹，尾下覆羽中央黑色，两侧白色。

习性： 栖息于富有芦苇和水生挺水植物的淡水湿地、沼泽、湖泊、水库、苇塘、水渠和水稻田中，也出现于林缘和路边水渠与疏林中的湖泊沼泽。白天活动和觅食，主要沿水生植物边上游泳。

分布： 在中国繁殖于新疆西部、海南、台湾和西藏东南部的大部分地区及华东、华南、西南。越冬于北纬23°以南，为较常见留鸟和夏候鸟。在张掖为常见候鸟。

骨顶鸡 *Fulica atra* Eurasian Coot

别名：白冠鸡

特征：中型游禽，像小野鸭，体长35～40厘米，体重430～800克。其喙长度适中，高而侧扁，头白色具额甲，体羽全黑色或暗灰黑色，多数尾下覆羽有白色，上体有条纹，下体有横纹，身体短而侧扁，头小，颈短或适中，翅很宽短圆。两性相似。

习性：栖息于低山丘陵和平原草地、荒漠与半荒漠地带的各类水域中，常在稻田里筑巢栖息。繁殖生活于北方，迁南方过冬。除繁殖期外，常成群活动，特别是迁徙季节，常成数十只甚至上百只的大群，偶尔亦见单只和小群活动，善游泳和潜水。

分布：在中国广泛分布于各地，在北方繁殖于自东北、河北北部、内蒙古、青海至新疆、西藏等地，迁徙时途经甘肃、山西、山东等地，越冬于黄河或长江以南。在张掖为常见留鸟。

小田鸡 *Zapornia pusilla* Baillon's Crake

别名：小秧鸡

特征：体长15～18厘米，体重33～50克。嘴短，背部具白色纵纹，两胁及尾下具白色细横纹。雄鸟头顶及上体红褐色，具黑白色纵纹，胸及脸灰色。雌鸟色暗，耳羽褐色。

习性：栖息于沼泽、苇荡、蒲丛、稻田、山地森林、平原草地、湖泊、水塘、河流、水库、沼泽等湿地生境。性胆怯，善隐蔽，清晨和傍晚到夜间最活跃，常单独活动。快速而轻巧地穿行于芦苇中，极少飞行。

分布：在中国除西南外，广泛分布于东北、华北、西北、华东等地。在张掖为罕见候鸟。

白枕鹤 *Antigone vipio* White-naped Crane

别名：红面鹤、白顶鹤、土鹤

特征：体长120～150厘米，体重4700～6500克。胸和颈前呈灰色，下颈侧部、下喉及下体呈暗石灰色，尾羽暗灰色，末端具黑色宽横斑，下背、腰部和尾上覆羽转暗石板灰色，虹膜暗褐色，喙黄绿色，脚红色。

习性：栖息于开阔的平原芦苇沼泽和水草沼泽地带，也栖息于开阔的河流及湖泊岸边，以及邻近的沼泽草地，有时出现于农田和海湾地区，尤其是迁徙季节。

分布：在中国繁殖于齐齐哈尔、乌裕尔河下游、三江平原，吉林省向海、莫莫格，内蒙古东部达里诺尔湖等地，越冬于江西鄱阳湖、江苏洪泽湖、安徽菜子湖等地，偶见于福建和台湾，迁徙期间经过辽宁、河北、河南、山东等地。在张掖为不常见过境鸟。

保护等级：国家一级保护野生动物。

蓑羽鹤 *Grus virgo* Demoiselle Crane

别名：闺秀鹤

特征：体长68～80厘米，体重1900～2700克。体羽主要为蓝灰色，头侧、喉和前颈黑色，翅灰色，但羽端黑色，喉和前颈羽毛极度延长成蓑状，眼后和耳羽形成的白色耳簇羽延长成束状，垂于头侧，虹膜红色或紫红色，喙黄绿色，脚和趾黑色。

习性：栖息于开阔平原草地、草甸沼泽、芦苇沼泽、苇塘、湖泊、河谷、半荒漠和高原湖泊草甸等各种环境中，有时也到农田地活动，特别是秋冬季节。栖息地最高可达5000米左右的高原地区。性胆小而机警，善奔走，常远远地避开人类，也不愿与其他鹤类合群。

分布：在中国主要分布于新疆、宁夏、内蒙古、黑龙江、吉林等地，迁徙地见于河北、青海、河南、山西等地，越冬于西藏南部。在张掖为不常见候鸟。

保护等级：国家二级保护野生动物。

灰鹤 *Grus grus* Common Crane

别名：千岁鹤、玄鹤、番薯鹤

特征：体长100～120厘米，体重3000～5500克。通体大都灰色，前额和眼先黑色，头顶裸区部分呈朱红色，喉、前颈和后颈灰黑色，自眼后有一道宽的白色条纹伸至颈背。鸣声为高亢、持久且具有穿透力的号角声。

习性：栖息于开阔平原、草地、沼泽、旷野、湖泊以及农田地带。飞行时呈“V”字形编队，性机警、胆小，鹤群活动和觅食时常有一只鹤负责警戒。

分布：在中国见于东北、华北、西北、华中、西南和东南沿海，是中国分布范围最广、越冬种群数量最多的鹤种。在张掖为常见过境鸟。

保护等级：国家二级保护野生动物。

黑颈鹤 *Grus nigricollis* Black-necked Crane

别名：藏鹤、雁鹅、黑雁

特征：体长110～120厘米，体重3800～6200克。头、枕和整个颈部均为黑色，仅眼后及眼下有一小型白斑，眼先和头顶裸露皮肤红色，其上被稀疏黑色短羽，飞羽和尾羽黑色，余部体羽灰白色，间杂少量棕褐色羽毛，虹膜黄色，嘴和脚黑色。雌雄羽色相似。

习性：在高原淡水湿地生活的鹤类，是世界上唯一生长、繁殖在高原的鹤。栖息于海拔2500～5000米的高原、草甸、沼泽和芦苇沼泽，以及湖滨草甸沼泽和河谷沼泽地带。

分布：在中国主要繁殖于西藏、青海、甘肃和四川，越冬于西藏、贵州、云南。在张掖为不常见候鸟。

中国保护等级：国家一级保护野生动物。

黑翅长脚鹬 *Himantopus himantopus* Black-winged Stilt

别名：红腿娘子、高跷鸻

特征：体长35～40厘米，体重166～205克。高挑、修长的黑白分明的鹬，腿和足呈粉红色，两脚特长，喙黑色，细长且笔直，头和颈部全白色，或在头顶、枕部和耳后有不同大小的黑色斑块，上背、肩和两翅深黑色并带有绿色金属光泽，尾上覆羽白色，部分羽毛灰色，尾羽灰色，外侧尾羽颜色偏淡，身体其他部分体羽纯白色。

习性：单独或成小群活动于浅水湿地。非繁殖期也常集成较大的群。行走缓慢，边走边在地面或水面啄食，或通过疾速奔跑追捕食物，有时也将嘴插入泥中探觅食物。步履稳健、轻盈，姿态优美，但奔跑和在有风时显得笨拙。性胆小而机警，当有干扰者接近时，常不断点头示威，然后飞走。

分布：在中国繁殖于东北、新疆、青海等大部分地区，迁徙期间在大部地区较为常见，部分越冬于广东、香港和台湾。在张掖为常见候鸟。

反嘴鹬 *Recurvirostra avosetta* Pied Avocet

别名：反嘴鸻

特征：体长42～45厘米，体重225～397克。高大优雅的黑白色鹬，喙黑色且上弯，极为独特。成鸟白色为主，眼先、前额、头顶、枕和颈上部绒黑色或黑褐色，形成一个经眼下到后枕，然后弯向后颈的黑色帽状斑，其余颈部、背、腰、尾上覆羽和整个下体白色，尾白色，末端灰色。

习性：常单独或成小群在浅水的湿地，包括内陆的草原或沙漠湖泊中活动和觅食，但栖息时却喜成群，有时群集达数万只，特别是在越冬地和迁徙季节。常活动在水边浅水处，步履缓慢而稳健，边左右摆动喙啄食，也常将嘴伸入水中或稀泥里面。也善游泳。

分布：在中国繁殖于东北、西北及华北地区，越冬于长江中下游及以南地区。在张掖为常见候鸟。

凤头麦鸡 *Vanellus vanellus* Lapwing

别名：田凫

特征：体形中等，体长30～35厘米，体重180～275克。腿长，头顶具细长羽冠，嘴黑色，头顶至羽冠黑色，脸白色，喉黑色链接至上胸的黑色宽环带，背、翼上覆羽及三级飞羽绿色，具金属光泽，尾下覆羽棕色。

习性：栖息于低山丘陵、山脚平原和草原地带的湖泊、水塘、沼泽、溪流和农田地带。

分布：在中国分布于北京、天津、河北、福建以及东北地区等。在张掖为常见候鸟。

灰头麦鸡 *Uarellus cinereus* Grey-headed Lapwing

特征：体长32～36厘米，体重230～410克。繁殖期头、颈及胸灰色，背部及两翼大部分覆羽褐色，腹部和腰部白色，尾羽基部及边缘白色，近末端有黑色斑块；非繁殖期头颈部染褐色，颏及喉部白色，胸带不明显。初级飞羽黑色，其余飞羽及与之相邻的部分覆羽白色，虹膜红褐色，眼圈黄色，嘴尖段黑色，后段黄色。

习性：栖息于平原草地、沼泽、湖畔、河边、水塘以及农田地带，有时也出现在低山丘陵地区溪流两岸的水稻田和湿草地上。常成对或成小群活动。喜欢长时间地站在水边半裸的草地和田埂上休息。

分布：在中国繁殖于东北地区至东南沿海地区，迁徙途经华东、华中，越冬于云南、广东等地。在张掖为常见候鸟。

金斑鸻 *Pluvialis fulva* Pacific Golden Plover

别名：太平洋金斑鸻

特征：体长23～25厘米，体重98～140克。嘴形直，端部膨大呈矛状，腋羽灰褐色，后趾缺如。冬羽上体满布褐色、白色和金黄色杂斑，下体也具褐色、灰色和黄色斑点；飞行时，翅尖而窄，尾呈扇形展开。夏羽额白色，向后与眼上方宽阔的白斑汇合，向下与胸侧相连，上体余部淡黑褐并密杂以金黄色点斑，下体从喉至腹呈黑色。

习性：栖息于沿海海滨、湖泊、河流、水塘岸边及其附近沼泽、草地、家口和耕地，喜结小群活动于海岸线、河口、盐田、稻田、草地、湖滨、河滩等处。性羞怯而胆小，单独或成小群活动。

分布：在中国迁徙时途经中国全境，越冬时常见于北纬25°以南的东南沿海开阔地区。在张掖为常见候鸟。

灰斑鸻 *Pluvialis squatarola* Black-bellied Plover

别名：灰鸻

特征：体长27～30厘米，体重170～230克。额白色或灰白色，头顶淡黑褐色至黑褐色，后颈灰褐色，背、腰浅黑褐色至黑褐色，尾上覆羽和尾羽白色且具黑褐色横斑，尾上覆羽横斑较疏，尾羽横斑较密，两翅黑色，喙黑色，跗跖和趾暗灰色，后趾极其弱小。

习性：栖息于海岸潮间带、河口、水田、沼泽、河漫滩、湖岸、草地等，偶然出现于内陆和干旱地区的草原和湿地。迁徙性鸟类，具有极强的飞行能力。

分布：在中国迁徙途经东北、华东和华中，越冬常见于南方地区沿海及河口地带。在张掖为不常见过境鸟。

金眶鸻 *Charadrius dubius* Little Ringed Plover

别名：黑领鸻

特征：体长15～18厘米，体重28～48克。喙黑色，下喙基部黄色，眼周金黄色，眼后白斑向上延伸到头顶，左右两侧相连，前胸黑环较宽，脚橙黄色（在繁殖期时为淡粉红色）。飞行时翼上无白带。

习性：栖息于开阔平原和低山丘陵地带的湖泊、河流岸边以及附近的沼泽、草地和农田地带，也出现于沿海海滨、河口沙洲以及附近盐田和沼泽地带。

分布：在中国较常见，*curonlcus*亚种繁殖于华北、华中和东南、迁徙途径东部和南部各省沿海及河口；*jerdoni*亚种繁殖于西藏南部、四川和云南，冬季南迁至境外。在张掖为常见候鸟。

环颈鸻 *Charadrius alexandrinus* Kentish Plover

别名：白领鸻

特征：体长17～20厘米，体重44～62克。额至眉纹白色，额基和头顶前部黑色；头顶、枕和后颈沙褐色略泛栗色；眼先至耳覆羽有一横带状黑色贯眼纹；翼褐色，覆羽具白缘，飞羽黑褐色且具大白斑；尾褐色，带黑色亚端斑和白色端斑。

习性：栖息于开阔平原至低山丘陵的湖泊、沼泽、草地和农田等地，或滨海的滩涂、河口、盐田等处。单独或成对活动，迁徙和越冬期集大群。

分布：在中国较为常见，繁殖于西北和华北，越冬于四川、贵州、云南和西藏；越冬于长江中下游及东南沿海地区。在张掖为常见候鸟。

蒙古沙鸻 *Charadrius mongolus* Lesser Sand Plover

特征：体长18～20厘米，体重51～67克。上体灰褐色，下体包括颏、喉、前颈、腹部白色，跗跖修长，胫下部亦裸出，中趾最长，趾间具蹼或不具蹼，后趾形小或退化，翅形尖长。

习性：栖息于海滨、岛屿、河滩、湖泊、池塘、沼泽、水田、盐湖等湿地之中，飞行能力强。

分布：在中国有四个亚种，均较常见，主要分布于新疆西部、青藏高原、中国东南沿海包括台湾。在张掖为不常见过境鸟。

铁嘴沙鸻 *Charadrius leschenaultii* Greater Sand Plover

特征：中型鸻，体长19～22厘米，体重55～86克。喙短黑色，上体暗沙色，下体白色。额白色，额上部有一黑色横带横跨于两眼之间，眼先和一条贯眼纹经眼到耳羽黑色，后颈和颈侧淡棕栗色，胸栗棕红色，往两侧延伸与后颈棕栗色相连，飞翔时白色翼带明显，虹膜暗褐色，腿和脚灰色，或常带有肉色或淡绿色。

习性：栖息于海滨、河口、内陆湖畔、江岸、滩地、水田、沼泽及其附近的荒漠草地、砾石戈壁和盐碱滩。喜欢在地上奔跑，且奔跑迅速，常常跑跑停停，行动极为谨慎小心。

分布：在中国，繁殖于新疆西部和内蒙古河套地区，迁徙途经中国全境，部分个体越冬于华南沿海。在张掖为不常见候鸟。

小杓鹬 *Numenius minutus* Little Curlew

别名：小油老罐

特征：体形最小的杓鹬，体长约30厘米，体重118～221克。体形优雅，喙相当短而纤细，喙基部直，仅在喙尖稍下弯，颈和胸淡褐色，具深色纵纹，上体颜色较深，具浅色条纹，头部条纹醒目，深色的过眼纹狭窄，淡色的眉纹较宽，两条侧冠纹颜色较深。

习性：繁殖期多栖息于亚高山林地，并喜于附近的湖边、河岸、沼泽及草地上活动、觅食；迁徙期间多在湖滨、河边沙滩、海岸沼泽以及附近的农田、耕地和草原上活动；冬季则主要栖息在沿海附近的沼泽、草地与农田地带。大多单独或呈小群活动；但迁徙和越冬时也同其他鹬类集成较大的群体。

分布：在中国迁徙时经过华东和台湾，在东部为相当常见的过境鸟。在张掖为罕见过境鸟。

保护等级：国家二级保护野生动物。

白腰杓鹬 *Numenius arquata* Eurasian Curlew

别名：麻鹬

特征：体长57～62厘米，体重650～1000克。喙特别细长并向下弯曲，长度为头长的3倍以上，脚青灰色，上体淡褐色且有黑褐色纵斑，腰白色，尾羽白色且有黑褐色横斑，翅下覆羽白色，下体淡褐色，自头侧向下至胸有黑褐色纵纹，腹以下白色。

习性：栖息于森林和平原中的湖泊、河流岸边和附近的沼泽地带、草地以及农田地带，也出现于海滨、河口沙洲和沿海沼泽湿地。常边走边将长而向下弯曲的嘴插入泥中探觅食物。

分布：在中国繁殖于东北，迁徙途经大部分地区；大群定期在黄海地区越冬。在张掖为罕见过境鸟。

保护等级：国家二级保护野生动物。

黑尾塍鹬 *Limosa limosa* Black-tailed Godwit

特征：体长27～40厘米，体重170～370克。喙、脚、颈皆较长，喙直而微向上翘，喙尖端较钝，黑色，基部肉色，夏季头、颈和上胸栗棕色，腹白色，胸和两胁具黑褐色横斑。头和后颈具细的黑褐色纵纹，背具较粗的黑色、红褐色和白色斑点，眉纹白色，贯眼纹黑色，尾白色且具宽阔的黑色端斑。

习性：栖息于平原草地和森林平原地带的沼泽、湿地、湖边和附近的草地与低湿地上，繁殖期和冬季则主要栖息于沿海海滨、泥地平原、河口沙洲以及附近的农田和沼泽地带。单独或成小群活动。

分布：在中国主要为旅鸟，部分繁殖于东北和内蒙古、新疆，为夏候鸟，部分越冬于云南、海南、香港和台湾。在张掖为常见候鸟。

翻石鹬 *Arenaria interpres* Ruddy Turnstone

特征：体长18～24厘米，体重82～130克。繁殖季时体色醒目，由栗色、白色和黑色交杂而成，喙短，黑色，喙基部较淡，脚短，橙红色，虹膜暗褐色。冬天，栗红色就会消失，换上单调且朴素的深褐色羽毛。

习性：栖息于岩石海岸、海滨沙滩、泥地和潮涧地带，也出现于海边沼泽及河口沙洲。迁徙期间偶尔也出现于内陆湖泊、河流、沼泽以及附近荒原和沙石地上。常单独或分散成小群觅食。

分布：在中国迁徙时常见于黄渤海地区和东部、南部沿海地区，少数个体越冬于华南沿海，包括台湾、海南。在张掖为罕见过境鸟。

保护等级：国家二级保护野生动物。

流苏鹬 *Calidris pugnax* Ruff

特征：体长20～33厘米，体重95～230克。因其奢华的羽翼，故得名。身粗短，显得头小，黑色，脚色多变，上体颜色偏棕黄色，具有山斑鸠般如鱼鳞的羽毛，下体偏白。繁殖期雄鸟头、胸部羽色多变，或白色，或黑色，或棕色。

习性：繁殖期栖息于冻原和平原草地上的湖泊与河流岸边，以及附近的沼泽和湿草地上；非繁殖期主要栖息于草地、稻田、耕地、河流、湖泊、河口、水塘、沼泽、以及海岸水塘岸边和附近沼泽与湿地上。

分布：在中国多为旅鸟，春秋季迁徙经过西部和东部，部分越冬于南方沿海。在张掖为罕见过境鸟。

尖尾滨鹬 *Calidris acuminata* Sharp-tailed Sandpiper

特征：体形较大，体长17～22厘米，体重39～114克。喙稍下弯，黑色，下喙基部褐色或粉色，头顶棕色，眉纹白色，胸部皮黄色。上体黑褐色，各羽缘染栗色、黄褐色或浅棕白色。颏、喉白色且具淡黑褐色点斑，胸浅棕色，亦具暗色斑纹，至下胸和两胁斑纹变成粗的箭头形斑，腹白色，楔尾，腿灰绿色。繁殖期头顶泛栗色。

习性：主要繁殖于北极圈附近或西伯利亚冻原平原地带，特别是有稀疏小柳树和苔原植物的湖泊、水塘、溪流岸边和附近的沼泽地带。非繁殖期主要栖息于海岸、河口以及附近的低草地和农田地带。常与其他涉禽混群。

分布：在中国为较常见过境鸟，在东北、沿海各省份和云南均有分布，部分个体越冬于台湾。在张掖为常见过境鸟。

弯嘴滨鹬 *Calidris ferruginea* Curlew Sandpiper

特征：体长19～22厘米，体重44～100克。喙较细长，明显向下弯曲。夏羽头和下体栗色，上体黑色，具暗栗色和白色羽缘。冬羽上体灰褐色，下体白色，颈侧和胸缀有黄褐色，眉纹白色。

习性：繁殖期主要栖息于西伯利亚北部海岸冻原地带，尤其喜欢在富有苔原植物和灌木的苔藓湿地。非繁殖期则主要栖息于海岸、湖泊、河流、海湾、河口和附近沼泽地带。常成松散的小群在浅水中或水边泥地和沙滩上活动和觅食。

分布：在中国为不常见过境鸟，迁徙时见于整个中国，少数个体在海南、广东和香港越冬。在张掖为罕见过境鸟。

青脚滨鹬 *Calidris temminckii* Temminck's Stint

别名：乌脚滨鹬

特征：体长12～16厘米，体重16～32克。嘴黑色，脚黄绿色。夏羽上体灰黄褐色，头顶至后颈有黑褐色纵纹，背和肩羽有黑褐色中心斑和栗红色羽缘及淡灰色尖端，眉纹白色，颊至胸黄褐色且具黑褐色纵纹，其余下体白色，外侧尾羽纯白色。冬羽上体淡灰褐色且具黑色羽轴纹，胸淡灰色，其余下体白色。

习性：栖息于沿海和内陆湖泊、河流、水塘、沼泽湿地和农田地带，特别喜欢在有水边植物和灌木等隐蔽物的开阔湖滨和沙洲。常在水边沙滩、泥地、田埂上或浅水处边走边觅食。

分布：在中国为罕见但定期出现的过境鸟，迁徙途经全境，少量个体于台湾、福建、广东和香港。在张掖为常见候鸟。

红颈滨鹬 *Calidris ruficollis* Red-necked Stint

别名：穉鹬

特征：体长14～16厘米，体重20～40克。喙短，黑色，头、颈、前胸呈栗红色，头顶有暗褐色纵纹，眼先色泽较暗，下颚及嘴附近略白，眉线在眼后较淡，前胸有明显的暗褐色点，在胸部两侧更为明显，上背和肩羽为暗褐色，有明显栗色侧缘，下胸和腹部白色，脚黑色。

习性：栖息于冻原地带芦苇沼泽、海岸、湖滨和苔原地带。冬季主要栖息于海边、河口、附近盐水和淡水湖泊及沼泽地带。迁徙期间甚至会出现于内陆湖泊与河流地带。主要通过地面啄食，有时也将嘴插入泥中探觅食物。

分布：在中国迁徙经过东部和中部甚为常见，越冬于华南、海南和台湾沿海。在张掖为不常见过境鸟。

三趾滨鹬 *Calidris alba* Sanderling

别名：三趾鹬

特征：体长18～21厘米，体重48～84克。体近灰色，肩羽明显黑色，夏季鸟上体赤褐色。比其他滨鹬白，飞行时翼上具白色宽纹，尾中央色暗，两侧白，无后趾。

习性：繁殖期栖息于北极冻原苔藓草地、海岸和湖泊沼泽地带。非繁殖期主要栖息于海岸、河口沙洲以及海边沼泽地带。常成群觅食，常沿水边疾速奔跑啄食。

分布：在中国为较常见的过境鸟和冬候鸟，迁徙经过新疆西部、西藏南部、东北，越冬于华南、东南沿海和台湾南部。在张掖为罕见过境鸟。

黑腹滨鹬 *Calidris alpina* Dunlin

特征：体长17～21厘米，体重40～83克。喙黑色，较长，尖端微向下弯曲，脚黑色。夏羽背栗红色且具黑色中央斑和白色羽缘，眉纹白色，下体白色，颊至胸有黑褐色细纵纹，腹中央黑色，呈大型黑斑。冬羽上体灰褐色，下体白色，胸侧缀灰褐色。飞翔时翅上有显著的白色翅带，腰和尾黑色，腰和尾的两侧为白色。

习性：栖息于冻原、高原和平原地区的湖泊、河流、水塘、河口等水域岸边和附近沼泽与草地上。主要在水边草地、泥地，沙滩和水边浅水处边走边觅食。

分布：在中国较为常见，*centralis*亚种迁徙时由西北、东北至东南，*sakhalina*亚种迁徙时见于东北，越冬于华南、东南沿海及长江以南主要河流和湖泊地区。在张掖为不常见过境鸟。

丘鹬 *Scolopax rusticola* Eurasian Woodcock

别名：大水行、山沙锥、山鹬

特征：体形矮胖，体长32～41厘米，体重200～330克。腿短而喙较长，体羽以黄褐色为主，头顶和枕部具有带状横纹，尾羽呈黑色，并散有锈色红斑，其末端呈黄灰色，下体呈白色且密布暗色横斑。雌鸟与雄鸟体色相似。

习性：栖息于阴暗潮湿、林下植物发达、落叶层较厚的阔叶林和混交林中，有时也见于林间沼泽、湿草地和林缘灌丛地带。觅食多在晚上、黎明和黄昏。

分布：在中国分布于新疆西部天山、黑龙江和吉林，有报告繁殖于河北和甘肃，越冬于西藏南部、云南、贵州、四川和长江以南地区，以及海南、香港和台湾。在张掖为罕见候鸟。

扇尾沙锥 *Gallinago gallinago* Common Snipe

别名：小沙锥、田鹬、沙锥

特征：体形中等，体长27～29厘米，体重82～164克。喙粗长而直，喙尖黑色，喙基棕色至粉色，头顶黑褐色且具黄白色中央冠纹，后颈棕红褐色，头顶背具4条白纵带，上体黑褐色，具栗色和黄白色斑纹，下体白色，颈、胸淡褐色，带褐色纵纹，翼后缘白色，站立时尾超过翼尖。

习性：栖息于平原地带的湖泊、河流、沼泽等淡水水域，尤喜有植被的湿地。常单独或成小群活动，迁徙越冬时有时集成大群。晨昏觅食，将喙插入泥中探寻食物。常被突然惊飞，飞行轨迹多变，呈“之”字形，可飞得较高，但常快速下降至遮蔽物中，并发出告警声。

分布：在中国分布于西部、东北部、长江以南地区及西南地区，繁殖于东北地区和西北天山地区，迁徙时大部分地区常见，越冬于北纬32°以南大部地区和云南、西藏南部。在张掖为常见候鸟。

红颈瓣蹼鹬 *Phalaropus lobatus* Red-necked Phalarope

特征：体长18～20厘米，体重25～46克。喙细而尖，黑色，脚黑色，趾具瓣蹼，上体灰黑色，眼上有一小块白斑，背、肩部有四条橙黄色纵带，前颈栗红色，并向两侧往上延伸到眼后，形成一栗红色环带，颏、喉白色，胸侧和两胁灰色，其余下体白色。

习性：非繁殖期多在近海的浅水处栖息和活动，也出现在大的内陆湖泊、河流、水库、沼泽及河口地带。繁殖期则栖息于北极苔原和森林苔原地带的内陆淡水湖泊和水塘岸边及沼泽地上。觅食主要在水上。

分布：在中国主要为旅鸟，迁徙期经过新疆天山、西藏南部、青海湖、黑龙江齐齐哈尔，以及山东、江苏、福建、广东、台湾和海南，部分可能越冬于广东、海南和台湾沿海。在张掖为罕见过境鸟。

矶鹬 *Actitis hypoleucos* Common Sandpiper

特征：体长16～21厘米，体重40～60克。头颈和上体橄榄褐色，具黑色细羽干纹和端斑，眉纹淡黄白色，眼圈白色，贯眼纹褐色，飞羽黑褐色，除第一枚外均具有白色端斑，在翼后缘形成白带，下体白色，颈侧和胸侧灰褐色，前胸微具褐色纵纹，虹膜褐色，像黑褐色，基部泛绿褐色，脚灰绿色。

习性：栖息于低山丘陵和山脚平原一带的江河沿岸、湖泊、水库、水塘岸边，也出现于海岸、河口和附近沼泽湿地。常在湖泊、水塘及河边浅水处觅食，有时亦见在草地和路边觅食。

分布：在中国分布于东北、河北和西北多地，越冬于长江流域及以南各地。在张掖为常见候鸟。

白腰草鹬 *Tringa ochropus* Green Sandpiper

特征：中型，矮壮型，体长20～26厘米，体重60～100克。整体深绿褐色，腹部及臀白色，上体绿褐色杂白点，两翼及下背几乎全黑，尾白色，端部具黑色横斑，飞行时脚伸至尾后，野外看黑白色非常明显，虹膜褐色，喙暗橄榄色，脚橄榄绿色。飞行时黑色的下翼、白色的腰部以及尾部的横斑极显著。

习性：栖息于山地或平原森林中的湖泊、河流、沼泽和水塘附近，海拔高度可达3000米左右。非繁殖期主要栖息于沿海、河口、湖泊、河流、水塘、农田与沼泽地带。常单独或成对活动，多活动在水边浅水处、砾石河岸、泥地、沙滩、水田和沼泽地上。

分布：在中国见于东北，迁徙时见于中国大部分地区，越冬于长江以南多地。在张掖为常见候鸟。

红脚鹬 *Tringa totanus* Common Redshank

别名：赤足鹬、东方红腿

特征：中等体形，体长25～28厘米，体重97～157克。上体褐灰，下体白色，胸具褐色纵纹。比红脚的鹤鹬体形小，矮胖，嘴较短较厚，喙基红色较多。飞行时腰部白色明显，次级飞羽具明显白色外缘，尾上具黑白色细斑。

习性：栖息于沼泽、草地、河流、湖泊、水塘、沿海海滨、河口沙洲等水域或水域附近湿地。常在浅水处或水边沙地和泥地上觅食，常分散单独觅食。个体间有占领和保卫觅食领域行为。

分布：在中国分布于西北、青藏高原及内蒙古东部，迁徙季节常见于华东、华南的适宜生境。在张掖为常见候鸟。

泽鹬 *Tringa stagnatilis* Marsh Sandpiper

别名： 小青足鹬

特征： 体长19～25厘米，体重55～120克。喙长，相当纤细，直而尖，黑色，基部绿灰色，脚细长，暗灰绿色或黄绿色，尾羽上有黑褐色横斑，前颈和胸有黑褐色细纵纹。飞翔时腰和尾部的白色与黑色的翅形成明显对比，细长的腿远远伸出于尾外。

习性： 栖息于湖泊、河流、芦苇沼泽、水塘、河口和沿海沼泽与邻近水塘和水田地带。通常单只或三两成群，但在冬季可集大群。甚羞怯。

分布： 在中国分布于内蒙古东北部、黑龙江和吉林省，迁徙时经过辽宁、河北、山东、江苏，西至甘肃、新疆，往南经福建、广东、海南和台湾，部分越冬于台湾。在张掖为不常见过境鸟。

林鹬 *Tringa glareola* Wood Sandpiper

别名：林札子

特征：体形中等而纤细，体长19～23厘米，体重34～98克。喙细而直，黑色，眼黑色。成鸟头和后颈黑褐色，具细的白色纵纹；背、肩黑褐色，具白色或棕黄白色斑点；下背和腰暗褐色，具白色羽缘；尾上覆羽白色，最长尾上覆羽具黑褐色横斑；中央尾羽黑褐色，具白色和淡灰黄色横斑，外侧尾羽白色，具黑褐色横斑。

习性：常出入于水边浅滩和沙石地上。活动时常沿水边边走边觅食，时而在水边疾走，时而站立于水边不动，或缓步边觅食边前进。性胆怯而机警，常单独或成小群活动，迁徙期也集成大群。遇到危险立即起飞，边飞边叫。有时也与其他涉禽混群。

分布：在中国繁殖于东北地区，迁徙时常见于全境。在张掖为常见候鸟。

鹤鹬 *Tringa erythropus* Spotted Redshank

特征：体长26～32厘米，体重110～200克。夏羽头、颈和整个下体黑色，眼周有一窄的白色眼圈。尾下覆羽具暗灰色和白色横斑；有的胸侧、两胁和腹具白色羽缘；飞羽黑色，内侧初级飞羽和次级飞羽具白色横斑；下背和上腰白色，下腰和尾上覆羽具黑灰色和白色相间横斑；尾暗灰色，具窄的白色横斑；腋羽和翅下覆羽白色。

习性：栖息于北极冻原的湖泊等水域附近，非繁殖期见于淡咸水湖泊、河口和海滩等水滨。常单独或成小群活动，在水岸上边走边觅食，也在齐腹深的水域涉水从水底取食，甚至倒扎入水中觅食。

分布：在中国分布于新疆，迁徙经过东北、长江流域等地区，部分越冬于贵州、两广、海南等地。在张掖为常见候鸟。

青脚鹬 *Tringa nebularia* Common Greenshank

特征：体长29～34厘米，体重128～350克。夏羽头顶至后颈灰褐色，具白色羽缘，眼圈白色，贯眼纹黑褐色不明显。上体深褐色具黑色羽干纹和浅色羽缘，上背、腰和尾上覆羽白色，尾白色且具灰褐色横斑；翼黑灰色，大覆羽和三级飞羽具细碎的小白斑；喙基部较粗，先端略上翘；喙基部灰蓝绿色。

习性：栖息于泰加林、苔原森林和亚高山杨桦矮曲林地带的湖泊、河流、水塘和沼泽地带，特别喜欢在有稀疏树木的湖泊和沼泽地带。常单独或成对在水边浅水处涉水觅食。

分布：在中国越冬于长江流域和东南海沿岸等地，为常见冬候鸟，迁徙时见于中国大部分地区。在张掖为常见候鸟。

领燕鸻 *Glareola pratincola* Collared Pratincole

特征：体长23～27厘米，体重70～90克。夏羽上体淡褐色，初级飞羽黑褐色，喉皮黄色，四周围有黑边，胸和两胁黄橄榄褐色，腹和尾下、尾上覆羽白色，尾呈深叉状，黑色，喙黑色，喙角和下喙基部红色，脚黑色。冬羽和夏羽大致相似，但头和胸羽缘黄褐色，喉具斑点和条纹，四周黑边消失或不明显。

习性：栖息于开阔平原、草地、淡水或咸水沼泽、湖泊、河流和湿地，有时也出现在有稀疏植物或矮草的农田地区，不喜欢森林和浓密灌丛地带。善于在地上奔跑和行走，亦善飞行。

分布：在中国繁殖于新疆西部和青海地区。在张掖为罕见候鸟。

棕头鸥 *Chroicocephalus brunnicephalus* Brown-headed Gull

特征：中型白色鸥，体长41～45厘米，体重450～714克。喙长，繁殖期暗血红色，非繁殖期橘红色，端部黑色；上背和两翼浅灰色，成鸟繁殖期有深褐色“头罩”，翼尖黑色，黑色翼尖具白色点斑为其重要识别特征；腰、尾和下体白色。冬羽和夏羽相似，但头白色，头顶缀淡灰色，耳覆羽具暗色斑点。

习性：繁殖于较寒冷的海拔2000～3500米的高山和高原湖泊、河流和沼泽地带。非繁殖期主要栖息于沿海、河口、潮间带滩涂及山脚平原湖泊、水库和大的河流中。

分布：在中国繁殖于西藏中部及青海，也繁殖于内蒙古西部的鄂尔多斯高原，迁徙时见于华北和西南地区，部分越冬于云南西部并偶尔于香港；一般罕见，但地方性常见于繁殖地点如青海湖。在张掖为常见候鸟。

红嘴鸥 *Chroicocephalus ridibundus* Black-headed Gull

别名：水鸽子

特征：中型灰白色鸥，体长37～43厘米，体重195～325克。喙长而纤细，深血红色，繁殖期暗红色，非繁殖期橙红色并具有黑色尖端；上背和两翼浅灰色。成鸟繁殖期有黑巧克力棕色“头罩”，翼尖黑色；非繁殖期头部白色，眼后有白色斑点。脚和趾赤红色，冬时转为橙黄色。

习性：常见，喜集群，数量大，主要栖息在江河、湖泊、水库、沿海港口、海湾。常成群营巢于湖泊、水塘等岸边苇丛中，以枯草筑浅碗状巢。休息时多站在水边岩石或沙滩上，也飘浮于水面休息，有时也出现于城市公园湖泊。

分布：在中国较常见，繁殖于西北地区、华北和东部地区，迁徙和越冬于华东和南方湖泊、河流及沿海地区。在张掖为常见候鸟。

遗鸥 *Ichthyaetus relictus* Relict Gull

别名：钓鱼郎

特征：中型鸥，体长39～45厘米，体重420～665克。喙粗壮，暗红色，有黑色“头罩”，眼上下各有一半月形白斑，形成白而宽的眼圈，翼上图案独特，地上行走姿态似鸻。成鸟繁殖期白色，上背和两翼浅灰色至灰色；冬季成鸟没有黑色，头部变为白色，只是在耳区有一个暗色的斑，在头顶至后颈也有较暗的颜色；腰部、尾羽和下体为白色；飞翔时翅膀的尖端呈黑色，且具有白色的斑；脚暗红色或珊瑚红色。

习性：集群性。繁殖于内陆的荒漠与半荒漠地带的咸水或半咸水湖泊中的湖心岛，集群营巢。越冬见于沿海潮间带滩涂和河口，尤其沙质泥滩。

分布：在中国东部种群繁殖于鄂尔多斯高原、河北的张家口及内蒙古呼伦贝尔、河套地区，迁徙季和越冬季出现于渤海湾西岸和中国的东南部沿海，有时可见数量很大的集群。在张掖为不常见候鸟。

保护等级：国家一级保护野生动物。

渔鸥 *Ichthyaetus ichthyaetus* Pallas's Gull

特征：大型鸥，体长57～72厘米，体重900～2000克。喙长而粗，基部黄色，喙端红色，眼黑色。繁殖期成鸟有黑色“头罩”。冬羽头白色，眼周具暗斑，头顶有深色纵纹，嘴上红色大部分消失。背部灰色，上下睑睑白色。飞行时翼下全白色，仅翼尖有小块黑色并具翼镜。脚和趾黄绿色。

习性：栖息于海岸、海岛、大的咸水湖，有时也到大的淡水湖和河流。集群繁殖于内陆海域、盐湖和平原湖泊。有时上到海拔2900米，甚至3000米左右的高原湖泊中。常在水上休息。

分布：在中国甚为常见，繁殖于青海东部和内蒙古西部的大型湖泊，越冬于南方沿海湿地，迁徙途径大部分地区。在张掖为常见候鸟。

蒙古银鸥 *Larus mongolicus* Mongolian Gull

特征： 大型鸥，体长55～68厘米，体重1000～1125克。喙繁殖期橘黄色，近下喙端有红色的大斑点，非繁殖期淡黄色，喙端常发白；头部白色，下体浅色至种灰色。冬羽头部、枕部灰色纵纹也较模糊且局限在后颈下部。双翼合拢时可见四枚大小均等的白色翼尖。

习性： 通常见于河口、入海口和港口的大型鸥混群中。喜欢成群低飞于水面上空，飞行时的样子轻快敏捷，还常常利用空气中的热气流滑翔以节省体力。

分布： 在中国繁殖于新疆和内蒙古东北部、黑龙江西北部，迁徙或越冬于东北、华北、华中、华南，为南部沿海至香港的罕见冬候鸟，在张掖为不常见过境鸟。

白额燕鸥 *Sternula albifrons* Little Tern

特征：小型浅色燕鸥，体长22～28厘米，体重47～63克。喙长，繁殖期为浅黄色，有小的黑色尖端，其余时间为黑色；尾长，呈浅分叉。夏羽头顶、枕部及贯眼纹黑色，额部白色。冬羽头顶及枕部黑色减少至月牙形。

习性：栖居于海边沙滩、湖泊、河流、水库、水塘、沼泽等内陆水域附近的草丛、苇丛及灌木丛中，以及沿海海岸、岛屿、河口和沿海沼泽与水塘等成、淡水水体中，近海无人岛礁等处。常成群活动，与其他燕鸥混群。飞行时显得身体前部较重，经常悬停，或轻点水面并快速频繁地扎入水中。振翼快速，常作徘徊飞行。潜水方式独特，入水快，飞升也快。

分布：在中国为常见的夏候鸟，繁殖于从东北至西南及华南沿海和海南以及内陆沿海的大部分地区。在张掖为不常见候鸟。

普通燕鸥 *Sterna hirundo* Common Tern

特征：体长32～39厘米，体重97～146克。喙长，全黑色或喙基红色，头顶部黑色，背、肩和翅上覆羽鼠灰色或蓝灰色，颈、腰、尾上覆羽和尾白色，外侧尾羽延长，外侧黑色，下体白色，胸、腹沾葡萄灰褐色，尾长且呈深叉状。

习性：栖息于湖泊、河流、水塘和沼泽地带。常呈小群活动。频繁飞翔于水域和沼泽上空，飞行轻快而敏捷，两翅煽动缓慢而轻微，并不时地在空中翱翔和滑翔，窥视水中猎物，如发现猎物，则急冲直下，捕获后又返回空中。有时也飘浮于水面。

分布：在中国为较常见的夏候鸟和过境鸟，繁殖于西北地区、东北和华北东部、华中及青海和西藏，迁徙时途经华南、东南、海南和台湾。在张掖为常见候鸟。

须浮鸥 *Chlidonidas hybrida* Whiskered Tern

特征：体形略小的浅色燕鸥，体长23～29厘米，体重60～101克。喙较短，繁殖期为深红色，其余时间为黑色；腹部深色（夏羽），尾浅分叉，通常以“蜻蜓点水”式从水面啄取食物，或在空中捕食昆虫。繁殖期头顶全黑色，下体深灰色至黑灰色，仅颏部和脸颊白色；非繁殖期额白色，头顶具细纹，顶后及颈背黑色，下体白色，翼、颈背、背及尾上覆羽灰色。

习性：主要栖息于开阔平原湖泊、水库、河口、海岸和附近沼泽地带。有时也出现于大湖泊与河流附近的小水渠、水塘和农田地上空。集小群活动，偶成大群。飞行轻快而有力，有时能保持在一定地方振翅飞翔而不动地方。

分布：在中国较常见，繁殖于东半部，冬季南迁，部分个体越冬于台湾地区。在张掖为常见候鸟。

白翅浮鸥 *Chlidonias leucopterus* White-winged Tern

特征：小型燕鸥，体长23～27厘米，体重42～79克。喙短，繁殖期为深红色，其余时间为黑色。头顶黑色而杂有白点；从眼至耳区有一黑色带斑，并常和头顶黑斑相连；颏、喉白色而杂有黑色斑点；背、腰灰黑色，下体白色，微沾灰黑色；尾长而略分叉。繁殖期头部、颈部和下体烟黑色，上背黑色，背部深灰色，腰、尾和肛周及翼和尾下覆羽白色；非繁殖期额、前头和颈侧白色。

习性：主要栖息于内陆河流、湖泊、沼泽、河口和附近沼泽与水塘中。有时也出现在沿海沼泽地带。常成群活动。多在水面低空飞行，觅食时往往能通过频频鼓动两翼，使身体停浮于空中观察，发现食物，即刻冲下捕食。休息时多停栖于水中石头、电柱、木桩上或地上。

分布：在中国为较常见的夏候鸟，分布于东北地区、西北和华北北部，越冬和迁徙时途径新疆、河北、陕西、山西、山东、湖南、浙江、江西、福建、广东、香港、海南、台湾和澎湖列岛。在张掖为不常见候鸟。

毛腿沙鸡 *Syrrhaptes paradoxus* Pallas's Sandgrouse

别名：突厥雀、寇雉、沙鸡

特征：体长27～41厘米，体重180～290克。独特的鸟类，两性整体沙褐色，均有细长似针的尾羽及长方形的黑色腹斑。雄鸟脸部橙灰色，两翼和背部呈粉色调。雌鸟褐色更浓，颈部及枕部布满深色斑纹。

习性：栖于干燥的平原和草原。常成群飞行，在稳定的水源附近可成上千只的大群。

分布：在中国分布于新疆、甘肃、内蒙古、黑龙江、吉林、辽宁等地。在张掖为不常见过境鸟。

原鸽 *Columba livia* Rock Dove

别名：野鸽子、野鸽

特征：体长31～34厘米，体重200～350克。头部和颈部深灰色，颈部两侧有绿紫色斑纹，臀部为白色，翅膀上和尾巴边缘有一条深灰色带，红色的腿，赤褐色的眼睛，灰色的喙，鼻孔周围有白斑。

习性：巢穴在沿海悬崖和内陆的岩石间或旧建筑物内。适应城市的生活。结群活动，盘旋飞行。

分布：在中国西北部为常见鸟，其他地方也有野化的鸽群。在张掖为常见留鸟。

岩鸽 *Columba rupestris* Hill Pigeon

别名：横纹尾石鸽、野鸽子、山石鸽

特征：体形中等，体长约31厘米，体重180～300克。外貌与原鸽非常相似且呈灰色。腰部和近尾端处各具有一道白斑，尾部灰色，尖端黑色，尾上有宽阔的偏白色次端带，比原鸽头部颜色更浅，在飞行中和停栖时均清晰可见，脚红色。

习性：多栖息于峭壁崖洞地带，也会出现在城镇附近。常成大群在地面觅食。性情温顺，可适应人类活动造成的干扰。

分布：在中国分布遍及华北、华中及黑龙江、新疆、青海、甘肃、西藏、云南等地。在张掖为常见留鸟。

山斑鸠 *Streptopelia orientalis* Oriental Turtle Dove

别名：棕背斑鸠、东方斑鸠、绿斑鸠、山鸽子、山鸠、金背斑鸠、金背鸠

特征：棕色小型鸽子，体长25～30厘米，体重175～323克。腹部和头部粉红色，下半身白色，背部的羽毛边缘呈淡色，看起来像鳞片，翼尖和尾巴深色，眼睛有红色边缘，显得更大，颈侧有一条黑白色条纹。

习性：常成对活动，成群繁殖。多在开阔农耕区、村庄取食。

分布：在中国分布广泛，从北方的黑龙江、新疆到南方的西藏南部、海南都有。在张掖为常见留鸟。

灰斑鸠 *Streptopelia decaocto* Eurasian Collared Dove

别名：灰鸽子

特征：中等体形，体长约32厘米，体重260～400克。羽色为柔和的灰褐色，腹部和头部粉红色，腹下白色，背部的羽毛边缘淡色，看起来像鳞片，翼尖和尾巴深色，眼睛有红色边缘，显得更大。体形比原鸽更小，羽色更苍白，尾部比例更长，尖端呈方形。

习性：偏好农场和郊区地带，不喜茂密森林。常与其他配对鸟一起，成群繁殖。

分布：在中国为留鸟，相当常见，尤其在分布区北部。在张掖为常见留鸟。

中杜鹃 *Cuculus saturates* Himalayan Cuckoo

别名：蓬蓬鸟

特征：体重71～129克，体长27～34厘米。通体灰褐色，下胸、腹和两胁白色，具宽的黑褐色横斑，虹膜黄色，喙铅灰色，下喙灰白色，喙角黄绿色，脚橘黄色，爪黄褐色。与大杜鹃区别在于胸部横斑较粗、较宽。

习性：栖息于山地针叶林、针阔叶混交林和阔叶林等茂密的森林中，偶尔也出现于山麓平原人工林和林缘地带。性较隐匿，常单独活动，仅闻其声，鸣声低沉，单调。

分布：在中国夏候鸟常见于海拔1300～2700米的丘陵和山区。在张掖为常见候鸟。

大杜鹃 *Cuculus canorus* Common Cuckoo

别名：布谷、子规、杜宇

特征：体形中等，体长26～34厘米，体重90～153克。上体暗灰色，下胸、腹及胁为白色，带黑褐色细横斑，虹膜黄色，喙黑褐色，下喙基部近黄色，脚棕黄色。雌雄同型。

习性：栖息于山地、丘陵和平原地带的森林中，有时也出现于农田和居民点附近高的乔木树上。飞行快速而有力，两翅震动幅度较大。繁殖期间喜欢鸣叫，声音凄厉洪亮，似“布谷”的音调，每分钟可反复叫20次。

分布：在中国繁殖于大部地区，包括新疆、内蒙古，东北；华东和东南及云南、四川、西藏南部。在张掖为常见候鸟。

纵纹腹小鸮 *Athene noctua* Little Owl

特征： 小型猛禽，体长20～26厘米，体重166～206克。无耳簇羽，头顶较平，眉的颜色较浅，面盘和领翎不明显，上体淡褐色或灰褐色，并分布有白色的斑点，下体为棕白色并有褐色纵纹，肩羽具有两道白色或皮黄色横斑，虹膜亮黄色，喙角质黄色，爪黑褐色。

习性： 栖息于低山丘陵、林缘、灌丛和森林地带，常出现在农田、荒漠和村庄附近的树林中，主要在白天活动较多。常站立在电线和树的顶端，飞行迅速，常神经质地点头，或左右转动，振动迅速，作波状起伏飞行。

分布： 在中国为常见留鸟，分布于西藏、四川、青海、甘肃、河北、内蒙古、黑龙江、吉林、辽宁以及中原地带和长江以南区域。在张掖为常见留鸟。

保护等级： 国家二级保护野生动物。

长耳鸮 *Asio otus* Long-eared Owl

特征： 中型鸮，体长33～40厘米，体重220～435克。耳簇发达，面部圆且皮黄色，边缘褐色和白色，有两只长而直的“耳朵”，虹膜橙黄色，喙角质灰色，脚偏粉色并被羽，上休羽毛棕黄色，夹杂着粗糙的黑褐色羽干纹，颜部白色，下体棕白色并有黑褐色羽干纹，爪黑铅色，尖端为黑色。

习性： 栖息于针叶林、针阔混交林和阔叶林中，也出现在林缘地带，白天大多时间躲藏在树林中，营巢在林中乌鸦的巢穴里。常单独或成对活动较多，在迁徙期间和冬季结群，但罕见。

分布： 在中国为北方地区常见留鸟或候鸟，指名亚种为新疆西部喀什和天山地区的留鸟，繁殖于内蒙古东北部与西部、甘肃南部以及东北部地区。迁徙途经中国大部地区，越冬于华南、东南地区。在张掖为常见留鸟。

保护等级：国家二级保护野生动物。

短耳鸮　*Asio flammeus*　Short-eared Owl

特征：中型黄褐色鸮，体长35～38厘米，体重200～500克。翼长，耳羽簇较短，黑褐色，带有棕色羽缘，面盘显著，眼周黑色，面盘余部棕黄色且有黑色羽干纹，皱领白色，上体棕黄色，有黑色或皮黄色的斑点及条纹，下体棕黄色，并有黑色的羽干纹，跗跖和趾被羽，虹膜金黄色，喙和爪黑色。

习性：栖息于低山丘陵、荒漠平原、沼泽、湖岸和草地多种生境中。多在黄昏和夜晚活动，白天也有活动，平时多栖息于地上或在草丛中，很少上树，飞行时常贴地面飞行。

分布：在中国大部分地区为不常见的候鸟，仅有指名亚种分布于中国的大部分地区，繁殖于内蒙古东部、黑龙江，越冬时几乎见于全国各地。在张掖为不常见候鸟。

保护等级：国家二级保护野生动物。

雕鸮 *Bubo bubo* Eurasian Eagle Owl

特征：大型猛禽，体长56～89厘米，体重700～2950克。耳簇羽长，眼橘黄色，大而圆，面盘显著，淡棕黄色，有褐色细斑，胸部黄色，体羽褐色斑驳，脚上被羽延伸到趾，眼的上方有一个大型黑斑，皱领黑褐色，羽缘棕白色，虹膜金黄色或橙色，喙铅灰色，脚黄色。

习性：栖息于山地或平原森林、荒野，营巢于岩崖，很少于地面。除繁殖期外，常单独活动，白天多在密林中休息，夜晚活动较多。飞行迅速而无声，通常贴地面低空飞行。听觉和视觉在夜间异常敏锐。以各种啮齿动物为食，也食其他小型动物。

分布：在中国分布有7个亚种，北疆亚种仅见于新疆北部的阿尔泰山；准噶尔亚种仅见于新疆西北部的准噶尔盆地和阿拉套山等地；天山亚种分布于内蒙古西部、西藏西部、甘肃、青海、宁夏等地；塔里木亚种仅见于新疆哈密、塔里木盆地、罗布泊、米雅河等地，较为罕见；西藏亚种为中国特有种；东北亚种分布于东北和华北地区；华南亚种分布于甘肃南部、陕西南部、河南和山东以南的广大地区，和西藏亚种、华南亚种都比较常见。在张掖为不常见留鸟。

保护等级：国家二级保护野生动物。

欧夜鹰 *Caprimulgus europaeus* European Nightjar

别名：欧亚夜鹰、欧洲夜鹰

特征：中等体形，体长24～28厘米，体重75～100克。羽毛色同枯叶色，布满杂斑和纵纹。雄鸟有白色的尾角和翅膀上的白带。

习性：喜欢开阔的栖息地，从干燥的平原到林间空地均有。夜间活动，很少偶然见到，但白天可能会从地面的栖息地冲出来。黄昏和夜间响亮的鸣叫可能会引起注意。在地面或树上栖息狩猎，以敏捷而生涩的振翅飞行。

分布：在中国分布于新疆和甘肃西北部。在张掖为不常见过境鸟。

普通雨燕 *Apus apus* Common Swift

别名：楼燕

特征：体长16～18厘米，体重29～40克。头和上体、脚黑褐色，颏、喉灰白色，两翼狭长，喙短阔而扁平，纯黑色。

习性：喜欢栖息于森林、荒漠、城市等多种地方。筑巢于岩壁、古城墙、庙宇等地。晨昏、阴天和雨前最为活跃。几乎一生都在空中飞行，可持续飞行10个月不着陆。边飞边捕食，飞翔疾速，叫声清亮。

分布：在中国极常见，繁殖于北方大部地区，南至四川，迁徙途经华东和西部地区。在张掖为不常见候鸟。

白腰雨燕　*Apus pacificus*　Pacific Swift

别名：大白腰野燕

特征：体长约18厘米，体重35～51克。通体黑褐色，腰白色，颏、喉白色，尾黑色，长且呈深叉状，脚短。

习性：栖息于水体附近的陡坡、岩壁、悬崖周围。喜成群。多成群飞翔于岩壁、森林或苔原上空。阴天多低空飞翔，速度甚快，边飞边叫，声音尖细，为单音节。在飞行中捕食。

分布：在中国除西北少数地区之外，全国均有分布。在张掖为不常见过境鸟。

蓝耳翠鸟 *Alcedo meninting* Blue-eared Kingfisher

特征：小型翠鸟，体长15～17厘米，体重约20克。成鸟上体具有金属蓝色，背部的金属蓝色较普通翠鸟更深，颈侧有白斑，颏白色，下体喙黑色为鲜艳的橙红色，蓝色的耳羽是其重要特征。雄鸟的前额、头顶、枕部紫蓝色，眼先皮黄色，上背、腰部和尾上覆羽有铅蓝色，覆羽较暗，尾羽短圆。雌鸟羽色和雄鸟相似，但喙基的红色范围较大，虹膜暗褐色，下颚橘黄色，脚红色。

习性：似普通翠鸟，但更多是在多树地带。

分布：在中国为云南南部海拔1000米以下地区的罕见留鸟。在张掖为罕见迷鸟。

保护等级：国家二级保护野生动物。

普通翠鸟 *Alcedo atthis* Common Kingfisher

特征：小型的蓝色和棕色的翠鸟，体长15～17厘米，体重14～21.5克。成鸟上体浅蓝绿色，颈侧有白色斑块，下体橙棕色，颏部白色，虹膜褐色，头顶、枕和后颈黑绿色，眼后和耳羽栗棕红色，背至尾上覆羽辉翠蓝色，喙黑色，脚红色，爪黑色。

习性：栖息于淡水湖泊、溪流、鱼塘、稻田等各种水域周围。一般常单独活动，多停栖于水面和岩石枝头上，不断点头观察鱼类，钻入水中捕食。

分布：在中国指名亚种繁殖于天山，越冬于西藏西部较低海拔地区，分布也包括台湾、海南及东北、华东、华中、华南、西南大部分地区。在张掖为常见留鸟。

佛法僧目 CORACIIFORMES

翠鸟科 Alcedinidae

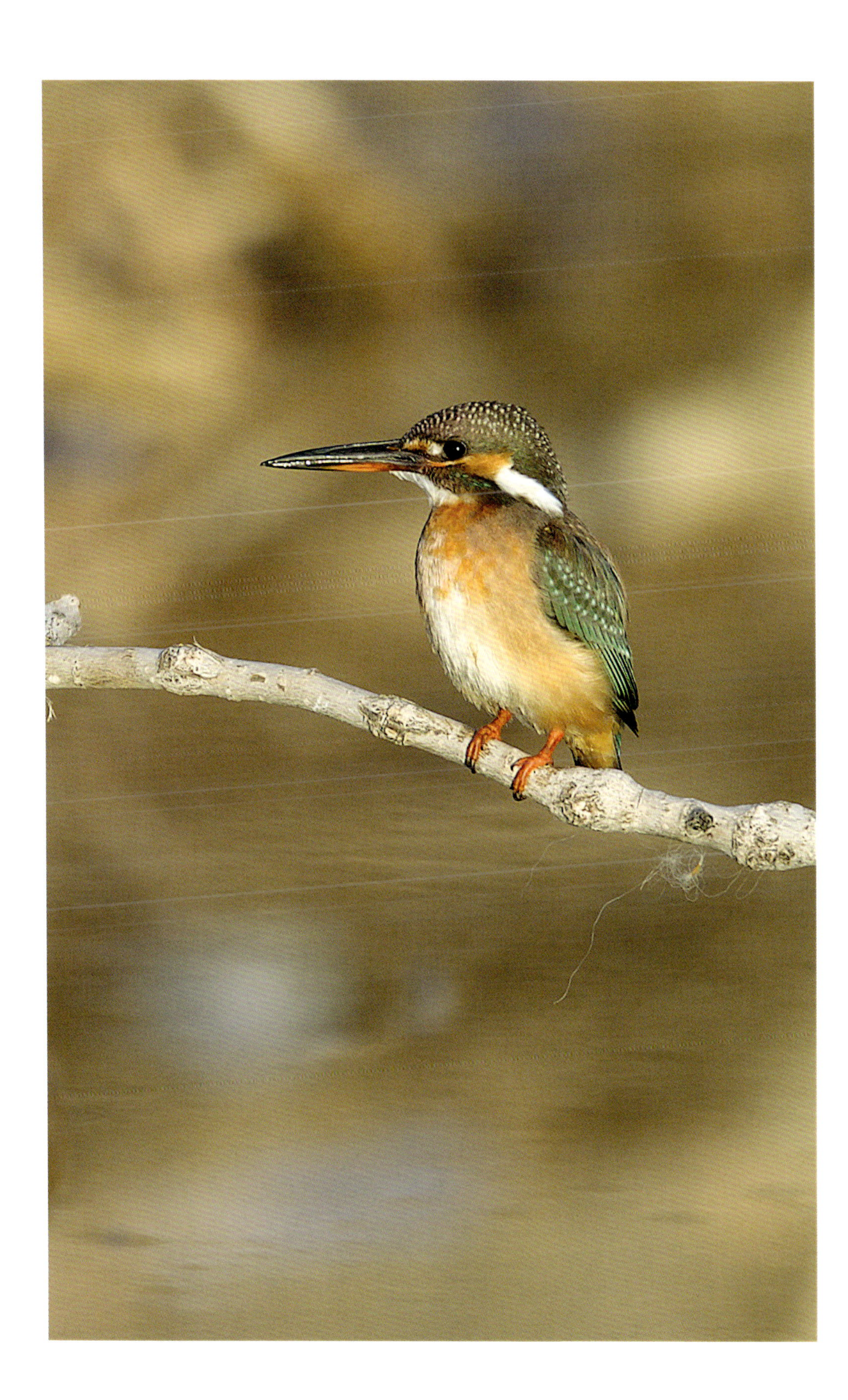

戴胜　*Upupa epops*　Common Hoopoe

特征：体长25～31厘米，体重29～43克。体色鲜明，具有长而耸立的粉棕色丝状冠羽，顶部黑色，头、上背、肩至下体粉棕色，两翼及尾具有黑白相间的条纹，与其他鸟类很容易辨别；虹膜褐色，喙黑色，长且不弯，脚黑色。

习性：喜最高海拔在3000米以下地区的开阔潮湿松软的地面，受惊时冠羽立起，用长长的喙在地面翻找食物。平时站立或起飞时冠羽收起。

分布：在中国大部分地区为常见留鸟或候鸟。在张掖为常见留鸟。

大斑啄木鸟 *Dendrocopos major* Greater Spotted Woodpecker

特征： 中型啄木鸟，体长20～25厘米，体重66～98克。成鸟有黑、白、红三色，黑白分明。雄鸟头顶黑色，枕部有狭窄红色带。雌鸟枕部金黑色。两性臀部均为红色，虹膜近红色，喙深灰色，脚灰色，白色胸部两侧带黑色细纹。

习性： 栖息于温带林区和北亚热带混交林或次生林区，也见于城市园林绿地。一般以单独活动为主，繁殖时成对出现。以树洞为巢。觅食昆虫和树皮内的幼虫，也食蚁类。

分布： 在中国分布最为广泛，见于整个温带林地区、农耕地区和城市园林区，有8个亚种。在张掖为常见留鸟。

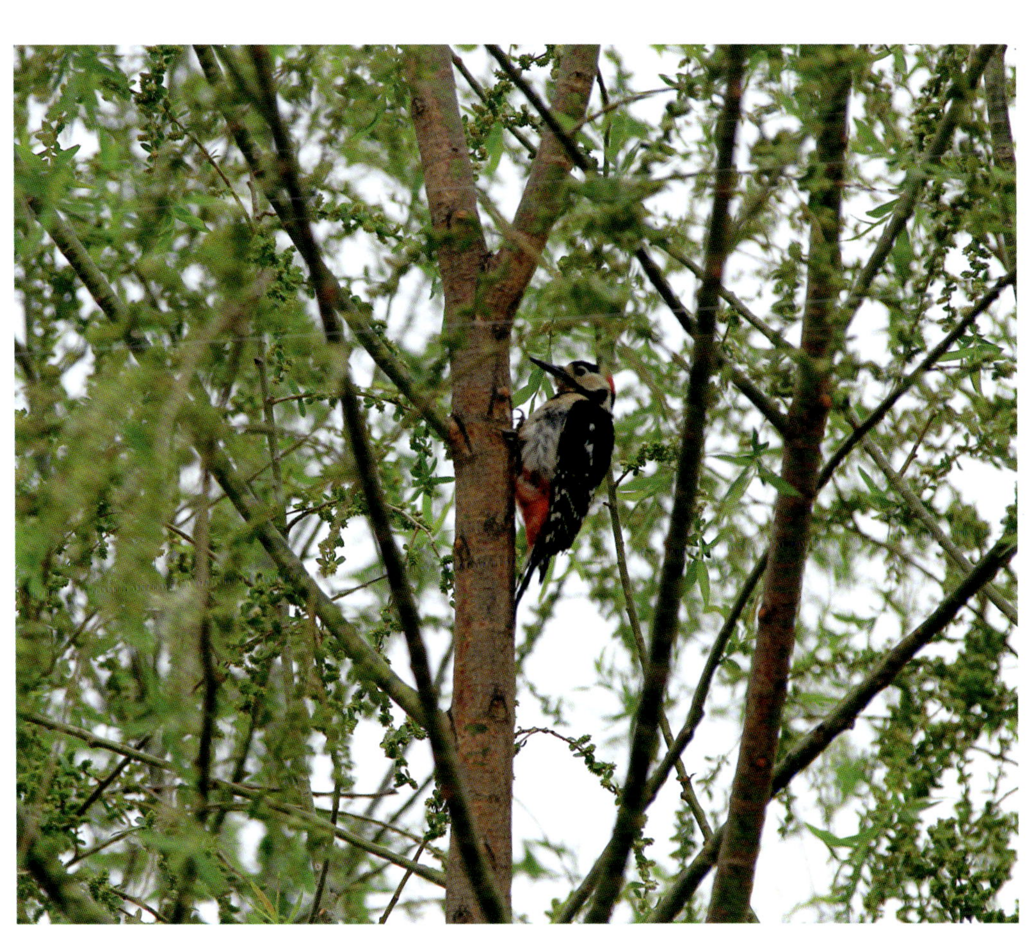

黄爪隼 *Falco naumanni* Lesser Kestrel

特征：小型猛禽，体长29～34厘米，体重90～216克。头部和翅上覆羽淡蓝灰色，背部砖红色或棕黄色，两翼大覆羽灰色，飞羽黑色，尾羽灰色并有宽阔的黑色端斑，尾端明显呈楔形，胸部的栗色较深，颏部、喉部粉红色或淡黄色，其余下体棕黄色或淡粉黄色，两侧有黑色的圆形斑点，虹膜黑褐色，有明显的黄色眼圈，喙蓝色，尖端黑色，喙基有黄色蜡膜，腿黄色，爪粉黄色或灰白色。雌鸟还有一条细的白色眉纹。

习性：栖息于开阔的荒山、荒漠边缘、草地、湿地边缘、林缘、河谷以及村庄附近和农田地边的丛林地带。多见单独或成对或集小群活动。以昆虫和小啮齿动物为食，有时也食其他幼鸟。

分布：在中国分布于河北、陕西、内蒙古、黑龙江、吉林、辽宁、山东、河南、四川、云南、甘肃、新疆等地，但较为罕见。在张掖为常见候鸟。

保护等级：国家二级保护野生动物。

红隼 *Falco tinnunculus* Common Kestrel

特征：小型猛禽，体长31～38厘米，体重150～185克。虹膜黑褐色并有黄色眼圈，喙铅蓝色且尖端黑色，喙基蜡膜黄色，脚黄色，爪黑色。雄鸟头部蓝灰色，背部和翅膀上的覆羽砖红色并具三角形黑斑，腰部尾上覆羽蓝灰色，下体皮黄色并具黑色纵纹。雌鸟体形略大，上体金褐色，具宽阔黑褐色横纹，尾羽同背上颜色有黑色次端斑和白色端斑。下体棕黄色并有粗黑色纵纹。

习性：栖息于山地森林、森林苔原、低山丘陵，草原、旷野、湿地边缘，农田村庄附近。一般单独或成对活动，迁徙时集群活动，栖息时多在空旷地区树枝上或电线上站立。觅食时，懒散盘旋或悬停于空中，俯冲捕捉地面猎物。

分布：在中国为较常见，指名亚种繁殖于东北和西北，除干旱荒漠以外，遍及全国其余地区。在张掖为常见候鸟。

保护等级：国家二级保护野生动物。

燕隼 *Falco subbuteo* Eurasian Hobby

特征：小型猛禽，体长28～35厘米，体重131～340克。上体暗灰色，有一条细的白色眉纹，眼下具有粗黑色髭纹，脸颊、喉及胸腹白色，并具有黑色纵纹，下腹部至尾下腹羽和腹羽棕栗色，尾羽灰色或石板褐色，虹膜黑褐色，眼周和蜡膜黄色，喙蓝灰色，尖端黑色，脚、趾黄色，爪黑色。

习性：栖息于有稀疏树木生长的开阔平原、湿地、旷野、耕地和林缘地带。一般都单独活动或成对活动。飞行速度快而机警，可在空中做短暂的停歇。主要在白天活动，可是在黄昏时捕食活动更频繁。停息时多在高大的树木上和电杆电线上。

分布：在中国为地区性留鸟或候鸟，指名亚种繁殖于华北和西藏，越冬于西藏南部。在张掖为常见候鸟。

保护等级：国家二级保护野生动物。

猎隼 *Falco cherrug* Saker Falcon

特征：中型猛禽，体长42～60厘米，体重750～1150克。头及上体棕褐色或灰褐色，雌雄相似，枕部偏白色，顶冠浅褐色，眼下有不明显黑色纵纹，眉纹白色，两翼飞羽黑褐色，尾羽棕色并具黑色横斑，喙铅蓝色灰色，尖端黑色，基部黄绿色，蜡膜暗黄色，脚、趾黄褐色，爪黑色，虹膜暗褐色，上体暗褐色，下体白色，有淡皮黄色斑点或横斑，两侧较暗。

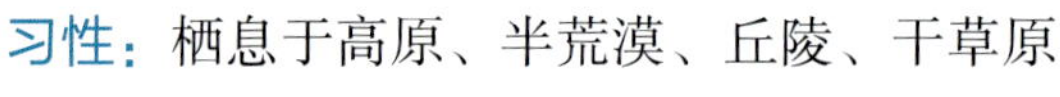

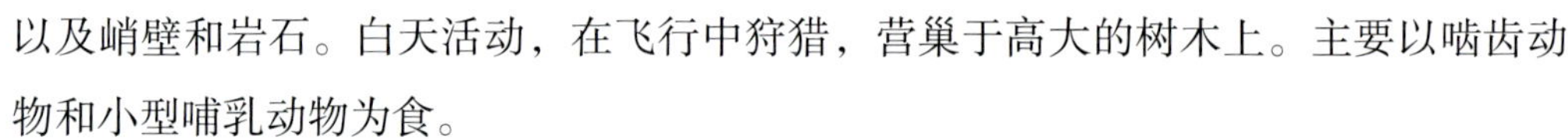

习性：栖息于高原、半荒漠、丘陵、干草原以及峭壁和岩石。白天活动，在飞行中狩猎，营巢于高大的树木上。主要以啮齿动物和小型哺乳动物为食。

分布：在中国分布于西北部的新疆、内蒙古、黑龙江、吉林、辽宁、河北、河南、甘肃、青海、四川、西藏和重庆。在张掖为不常见候鸟。

保护等级：国家一级保护野生动物。

牛头伯劳 *Lanius bucephalus* Bull-headed Shrike

别名：红头伯劳

特征：中型褐色伯劳，体长19～20厘米，体重35～54克。喙强健且具钩和齿，颈部较粗，黑色贯眼纹明显，尾羽褐色，下体羽棕白色，两胁深棕色。头顶及枕部栗红色、背部灰褐色、尾端白色为其区别于其他大部分伯劳的主要特征。

习性：主要栖息于低山、丘陵和平原地带的疏林和林缘灌丛草地。性活跃，鸣声粗哑似喘息声。

分布：在中国分布于黑龙江、吉林、辽宁、内蒙古等地。在张掖为不常见过境鸟。

红尾伯劳 *Lanius cristatus* Brown Shrike

特征：体形中等，体长17～20厘米，体重30～38克。雄鸟喉部白色。具黑色眼罩和细白色眉纹，头顶至枕部灰色或红褐色，两翼和尾羽棕褐色，胸腹部皮黄色。雌鸟外观似雄鸟，只是头部为灰褐色，两胁有褐色鱼鳞纹。上背、肩褐灰褐色，下背、腰棕褐色，尾上覆羽棕红色，两翅黑褐色，眼先、眼周至耳区黑色，从喙基经眼直到耳后，连接成一粗的黑色冠眼纹，下体棕白色。

习性：栖息于中低山地的疏林、林缘及灌木丛中，喜开阔地带，耕地、次森林和乡村种植园，尤其在稀矮树木和灌木丛、湖畔较常见。单独或成对活动，在较固定的栖息点停歇，繁殖期常站立在树枝条顶端翘首鸣叫。

分布：在中国一般常见于海拔1500米以下的地区，*confusus*亚种繁殖于黑龙江，迁徙时经华东；*cucionensis*亚种繁殖于吉林、辽宁和华北、华中、华东，冬季南迁，部分个体越冬于华南、海南和台湾；指明亚种为冬候鸟，迁徙时途经华东大部分地区。在张掖为不常见候鸟。

红背伯劳 *Lanius collurio* Red-backed Shrike

特征：体形偏小，体长约18厘米，体重25～35克。以灰色和棕黄色为主，顶冠和枕后灰色，眼罩黑色，背上棕红色，两翼深褐色，有白色翼斑，下体偏白色，胸和两胁粉葡萄红色，虹膜褐色，喙褐色或黑色，脚铅灰色或黑色，尾上覆羽灰色，中央尾羽黑色，其余尾羽基部白色，端部黑色且具窄的白色端斑。

习性：栖息于较为开阔的稀疏树林、林缘、林间空地、河边湿地、树丛和灌丛中。常单独或成双活动，有时也成小群活动。迁徙时多出现在低山丘陵和山脚平原地带。

分布：在中国分布于新疆北部，在香港和台湾为迷鸟，*pallidifrons* 亚种为西北地区夏候鸟。在张掖为罕见候鸟。

荒漠伯劳 *Lanius isabellinus* Isabelline Shrike

特征：体形较小，体长16～18厘米，体重25～34克。以棕色为主。雄鸟头顶至上背淡棕色，具黑眼罩，眼先和喙基隔开，眉纹细而呈白色，两翼黑褐色，尾部棕色，尾上覆羽棕黄色，虹膜褐色，喙黑色，脚灰黑色，两胁红褐色且有白色翼斑。雌鸟较雄鸟色暗，下体具黑色扇贝状细纹。

习性：常见于荒漠地区疏林地带，多单独或成对栖息于旷野草原湿地边缘地带。

分布：在中国分布于新疆、青海、甘肃、宁夏、贺兰山和内蒙古鄂尔多斯地区，指名亚种繁殖于新疆北部吐鲁番盆地至甘肃西北部和宁夏。在张掖为常见候鸟。

棕尾伯劳 *Lanius phoenicuroides* Rufous-tailed Shrike

特征：体形较小，体长17～18厘米，体重25～34克。雄身顶冠偏棕红色，冠眼纹黑色但无眼先带，眉纹白色，尾棕色，具黑色眼罩，飞羽基部有明显白斑，颊、颏、喉至下体白色，两胁淡棕红色，虹膜黑色，喙黑色，脚灰黑色。雌鸟与雄鸟相似，但眼罩颜色很深，上体更偏灰色，翼斑不明显，颈侧、胸和两胁具鳞状横纹。

习性：栖息于荒漠、半荒漠的疏林、灌丛和树丛中。单独或成对活动。

分布：在中国指名亚种分布于阿尔泰山山脉、天山北部至青海地区。在张掖为常见候鸟。

灰背伯劳 *Lanius tephronotus* Grey-backed Shrike

特征：体形较大，体长21～25厘米，体重40～54克。头顶至背部深灰色，仅腰部和尾上覆羽具狭窄棕色带，中央尾羽黑色，外侧尾羽暗褐色，雌雄羽色相似，眼罩黑色并具有细的白色眉纹，下颏至下体白色，两翼黑色，具浅棕色翼斑，虹膜黑

色，喙黑色，脚黑色，肩羽与背同色，翅覆羽和飞羽深黑色，额、喉白色，颈侧略有锈色。

习性：栖息于树梢或电线上，繁殖期主要栖息于中高海拔的阔叶林、针阔混交林及其周边，冬季迁徙至南方或至低海拔农田、荒地。

分布：在中国分布于甘肃、宁夏、青海、陕西、重庆、四川、贵州、云南、西藏等地。在国外，繁殖于喜马拉雅山脉西部，越冬于东南亚。在张掖为罕见夏候鸟。

棕背伯劳 *Lanius schach* Long-tailed Shrike

特征：高大而尾长，体长23～28厘米，体重33～42克。成鸟的额、眼罩、两翼和尾部黑色，背和腰部棕红色，初级飞羽基部有白色斑点，虹膜黑色，喙黑色，脚黑色，上喙具弯钩，眼先、眼周和耳羽黑色，形成一条宽阔的黑色贯眼纹，飞羽黑色，初级飞羽基部白色或棕白色，颏、喉和腹中部白色，其余下体淡棕色或棕白色。

习性：栖息于低山丘陵和山脚平原、阔叶和阔针混交林以及草地、灌丛和乡村种植园等开阔地。

分布：在中国分布于黄河流域以南各地，南至台湾和海南，深色见于湖北、浙江、福建、广东、广西。在张掖为不常见候鸟。

灰伯劳 *Lanius borealis* Northern Shrike

特征：体形较大，体长24～27厘米，体重48～81克。成鸟头顶至尾上覆羽烟灰色，具宽阔黑色贯眼纹和白色眉纹，两翼黑色，初级飞羽基部有白色斑块，次级飞羽基部白色或不明显羽端白色，有黑眼罩，眼先有一个近圆形黑褐色斑，眼周至耳羽黑褐色，大体灰白色，喙黑色并带钩，尾下覆羽淡灰白色，虹膜黑褐色，脚黑色。

习性：栖息于次生林阔叶林带的地带及林缘、灌丛和低矮的杂木林地，常栖息于树顶。单独或成对活动，也集小群活动。

分布：在中国繁殖于新疆北部，越冬于西北、华北和东北地区。在张掖为不常见候鸟。

楔尾伯劳 *Lanius sphenocercus* Chinese Grey Shrike

特征：体形较大，体长25～31厘米，体重80～100克。上体灰色，额基白色，向后延伸为白色眉纹，眼罩黑色，两翼黑色并有明显白色翼斑，中央尾羽黑色，外侧白色，下颏至整个下体白色，虹膜褐色，喙黑色，喙先端带钩，脚黑色，爪钩状，黑色。

习性：栖息于低山、平原、丘陵、疏林林缘、灌木丛和草地。常单独或成对活动，一般停歇于树冠。

分布：在中国分布于黑龙江、吉林、内蒙古、甘肃、青海、陕西、宁夏、山西和河北以南至长江流域。在张掖为常见候鸟。

欧亚喜鹊 *Pica pica* Eurasian Magpie

别名：普通喜鹊、喜鹊、鹊

特征：体长44～50厘米，体重180～266克。典型的黑白色鸟类，羽毛大部为黑色，肩腹部为白色，具黑色长尾，两翼和尾部黑色并具蓝色金属光泽。

习性：多生活在人类聚居地区。除繁殖期间成对活动外，常成3～5只的小群活动，秋冬季节常集成数十只的大群。巢为精心搭建的拱圆形树枝堆，年复一年地使用。多于地面觅食。喜食谷物、昆虫。

分布：在中国*bactriana*亚种见于新疆北部、西部以及西藏西北部，*leucoptera*亚种见于内蒙古东北部呼伦湖地区。在国外分布于欧亚大陆、北非。在张掖为不常见留鸟。

黑尾地鸦 *Podoces hendersoni* Mongolian Ground Jay

特征：体形较小，体长28～31厘米，体重90～128克。上体沙褐色，背部和腰部略沾酒红色，顶冠黑色并具蓝色光泽，两翼亮黑色，初级飞羽中部白色，基部和尖端黑色，在翅上形成明显的白色翅斑，内侧飞羽黑色并具蓝紫色金属光泽，尾黑色并具蓝色光泽。

习性：栖于开阔多岩石的地面及稀疏的盐生灌木和半灌木内。营巢于地面但停歇于树上。

分布：在中国常见于新疆北部、青海、甘肃西部和内蒙古西部海拔2000～3000米处。在张掖为不常见留鸟。

保护等级：国家二级保护野生动物。

寒鸦 Corvus monedula Eurasian Jackdaw

特征：体长30～34厘米，体重139～225克。嘴粗壮，黑色，虹膜暗褐色，后头及耳羽羽端具银灰色羽干纹，后颈和颈侧灰白色，形成明显的领环，颈领环向下延伸与前胸和腹部灰白羽区相连，头顶、翅内侧覆羽及次级飞羽显紫色金属闪光，背、腰、尾及初级飞羽均为黑色，显绿色辉亮，颏、喉具紫色光辉，尾下覆羽黑褐色；

跗跖、趾及爪黑色。

习性：栖息于中低山区、丘陵和平原地带。多集群活动于林缘、田野、村落，有时会与其他鸦类混群。性嘈杂。食性杂。

分布：在中国地区性常见，指名亚种繁殖于新疆西部、天山、阿尔泰山脉和吐鲁番，越冬于西藏西部。在张掖为不常见候鸟。

达乌里寒鸦 *Corvus dauuricus* Daurian Jackdaw

特征：小型鸦类，体长30～35cm，体重190～285克。外形、大小和羽色与寒鸦相似，全身羽毛主要为黑色，后颈有一宽阔的白色颈圈向两侧延伸至胸和腹部，在黑色体羽衬托下反差极大，白色斑纹延至胸下。幼鸟前额、头顶褐色且具紫色光泽，后颈、颈侧黑褐色，背、肩、翅、尾深褐色至黑褐色，领圈苍白色，下体褐色至浅褐色，各羽羽端缀白色羽缘。当年幼体在秋季换羽后直到第二年秋季换羽前全黑色。

习性：栖息于开阔地、树洞、农田、城市园林等多种生境。与其他鸦类一起生活在城市中，喜群居，冬季常结成大群。叫声嘈杂。

分布：在中国北方常见，可至海拔2000米，繁殖于北部、中部及西南部，越冬南迁至东南部。在张掖为常见留鸟。

秃鼻乌鸦 *Corvus frugilegus* Rook

别名：老鸦、老鸹、山鸟、山老公、风鸦

特征：体形略大的黑色鸦，体长45～50厘米，体重356～495克。喙基部裸露皮肤浅灰白色。幼鸟脸全被羽。易与小嘴乌鸦相混淆，区别为头顶更显拱圆形，喙圆锥形且尖，腿部的松散垂羽更显松散。飞行时尾端楔形，两翼较长窄，翼指显著，头部突出。

习性：进食及营巢都结群的社群性鸟种。常与寒鸦混群。取食于田野及矮草地。常跟随家养动物。

分布：在中国指名亚种分布于新疆西部，*pastinator* 亚种繁殖于东北、华东及华中的大部分地区，越冬至繁殖区南部及东南沿海和台湾、海南。在张掖为不常见留鸟。

小嘴乌鸦　*Corvus corone*　Carrion Crow

别名：细嘴乌鸦

特征：体长48～56厘米，体重360～650克。体色为黑色带有紫色光泽。小嘴乌鸦的喙比秃鼻乌鸦的稍高，并且喙端不是直形而是略弯曲，在喙基部被黑色羽。

习性：栖息于乡村、山区和海岸，亦生活于城市。喜结大群栖息，但不像秃鼻乌鸦那样结群营巢。

分布：在中国*orientalis*亚种繁殖于华中和华北，部分个体冬季南迁至华南和华东。在张掖为常见留鸟。

太平鸟 *Bombycilla garrulus* Bohemian Waxwing

别名：连雀、十二黄

特征：体长18～23厘米，体重50～75克。雄鸟额及头顶前部栗色，头顶后部及羽冠灰栗褐色；上喙基部、眼先、围眼至眼后形成黑色纹带；背、肩羽灰褐色，腰及尾上覆羽褐灰色至灰色，愈向后灰色愈浓；尾羽黑褐色，近端部渐变为黑色；颏、喉黑色，颊与黑喉交汇处为淡栗色；腹羽与背羽同色，腹以下褐灰色，尾下覆羽栗色。雌鸟羽色似雄鸟，但颏、喉的黑色斑较小，并微杂有褐色；虹膜暗红色，嘴、脚、爪黑色。

习性：群居。繁殖于较开阔的针叶林和北方阔叶林，尤其偏爱白桦林和松树林，越冬时分布于各种生长有浆果的树林。

分布：在中国不常见，*centralasiae*亚种越冬于东北、中北地区和新疆西部喀什地区。在张掖为常见候鸟。

褐头山雀 *Poecile montanus* Willow Tit

特征：体形小，体长116～143毫米，体重10～13克。成鸟额、头顶至后颈乌褐色，眼先、耳羽、颊和颈侧形成大白斑；上体褐灰色；飞羽褐色，外翈羽缘蓝灰色；尾羽褐色且具黑褐色羽轴，除中央尾羽外，外翈均具有淡灰色羽缘；下体颏、喉褐黑色且略杂有白色，其余下体污白色，有的两胁沾淡赭色；虹膜暗褐色，喙黑色，脚铅褐色。

习性：主要栖息于针叶林或针阔叶混交林间，也栖于阔叶林和人工针叶林，喜潮湿森林。通常单独或成对活动，有时加入混合鸟群。

分布：在中国繁殖于东北、华北、西北和西南等地。在张掖为常见留鸟。

地山雀 *Pseudopodoces humilis* Ground Tit

别名：褐背拟地鸦

特征：极大的沙灰色山雀，体长14～18厘米，体重25～47克。眼先具暗色条纹，喙下弯似山鸦，中央尾羽褐色，外侧尾羽皮黄白色，飞行中明显可见。幼鸟体羽偏皮黄色并具皮黄色颈环。

习性：栖于林线以上有稀疏矮丛的草原和山麓地带，喜有牦牛的牧场。常在寺庙或居住点附近挖洞营巢。两翼和尾部有力摆动，飞行弱而低。习性似鹏。

分布：在中国分布于青藏高原和昆仑山脉，常见于新疆西南部至甘肃、宁夏、四川西部和云南东北部海拔4000～5500米处。在张掖为不常见留鸟。

大山雀 *Parus major* Great Tit

别名：苍背山雀

特征：大型而丰满的黑、灰、白色山雀，体长13～15厘米，体重11.8～17克。头部和喉部亮黑色，与白色颊斑和枕斑形成强烈对比，具一道醒目的白色翼斑，胸、腹有一条宽阔的中央纵纹与颏、喉黑色相连。雄鸟胸带较宽阔，幼鸟胸带缩减为围兜。

习性：栖息于低山和山麓地带的次生阔叶林、阔叶林和针阔叶混交林中，也出入人工林和针叶林。性较活泼而大胆，不甚畏人。行动敏捷，常在树枝间穿梭跳跃。

分布：在中国常见于庭院和开阔林地，*kapustini* 亚种见于极东北地区，*turkestanicus* 亚种为新疆北部留鸟，*bokhariensis* 亚种见于极西北地区，可至海拔2000米以上。在张掖为常见留鸟。

中华攀雀 *Tit Remiz consobrinus* Chincse Penduline

特征：体形纤小，体长10～11厘米，体重7.5～11克。虹膜深褐色，嘴灰黑色，脚蓝灰色。雄鸟顶冠灰色，眼罩黑色，背部棕色，尾部略分叉。雌鸟及幼鸟似雄鸟，但体色更暗，眼罩色浅。

习性：一般栖息于近水的苇丛和柳、桦、杨等阔叶树间。除繁殖期间单独或成对活动外，其他季节多成群。性活泼，行动敏捷。

分布：在中国于北方繁殖地不常见，但于华东远至香港的越冬地则愈发常见，在华北部分地区也有繁殖记录。在外国，繁殖于俄罗斯的极东部，越冬于日本和朝鲜半岛。在张掖为不常见过境鸟。

文须雀 *Panurus biarmicus* Bearded Reeding

别名：髭雀、文须山雀

特征：体长16～18厘米，体重11～18克。雄鸟眼先及髭纹黑色，头顶暗灰色，后颈至覆尾羽深金黄色；小覆翼羽灰色，中覆翼羽黑色，大覆翼羽外侧棕褐色而内侧黑色；尾呈棕色并具有黑白色翼斑。眼橙黄色，嘴橙色，脚黑色。雌鸟无髭纹，全身颜色较淡。

习性：栖息于湖泊或河流沿岸的芦苇丛中。常集小群活动，性活泼，善鸣叫。常在近水的芦苇丛中跳跃或在芦苇秆上攀爬。飞行振翅弱而快。以昆虫、草籽为主食。

分布：在中国常见于华北地区多芦苇的适宜生境中。在张掖为常见候鸟。

云雀 *Alauda arvensis* Eurasian Skylark

特征：中型斑驳灰褐色云雀，体长16～18厘米，体重26～50克。头具冠羽并有细纹，上体沙棕色，上背和尾上覆羽的黑褐色纵纹较细，头后羽毛稍有延长，两翅覆羽黑褐色，面颊栗色，最外侧一对尾羽白色，翼后缘白色，虹膜暗褐色，喙黑褐色，脚肉色。

习性：栖息于开阔的平原、草地、沼泽、湿地边缘。经常成群迁徙，多集群在地面奔跑，在受到惊吓时下蹲并竖起羽冠。云雀的鸣声柔美嘹亮是它的特点。

分布：在中国繁殖于黑龙江、吉林、内蒙古、河北及新疆等地，越冬于华北、华东和华南沿海地区。在张掖为常见候鸟。

保护等级：国家二级保护野生动物。

凤头百灵 *Galerida cristata* Crested Lark

特征：体形较大的鸣禽，体长17～19厘米，体重35～50克。具有褐色纵纹和长而窄的羽冠，上体淡棕色，有黑色纵纹，喙长而略下弯，下体浅皮黄色，胸部布满黑色纵纹，蜡膜暗褐色或灰黄色，脚肉色，眼先、颊、眉纹棕白色，细窄的眼纹黑褐色，腹部白色，两胁淡棕色。

特征：栖息于开阔的平原、半荒漠和荒漠边缘、低草地、山地平原、河边草丛、农田、旷野。常在地面行走，或振翅作波状飞行，善于在地面快步行走，不到危急关头常匿不动。鸣声短而清晰。

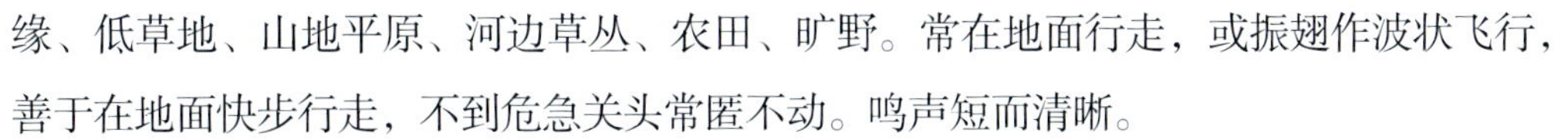

分布：在中国分布于新疆西北部、青海、甘肃、宁夏、内蒙古西部、四川及辽宁。在张掖为常见候鸟。

角百灵 *Eremophila alpestris* Horned Lark

特征：中型鸣禽，体长16～19厘米，体重26～46克。顶冠前端黑色条纹后延形成特征性小型黑色的角，上体棕褐色或灰褐色，前额白色，顶部红褐色，额部与顶部之间有宽阔的黑色带纹，下体皮黄色，胸部布满黑色纵纹，虹膜褐色，喙铅灰黑色，脚黑色。飞行时翼下白色可见，各亚种间略有差异。

习性：栖息于高山、高原草地、荒漠、半荒漠、戈壁滩。主要活动于地面，一般不高飞，善于在地面短距离奔跑和短距离低飞。繁殖期和冬季喜成群活动。早晚鸣声清脆婉转。冬季迁徙至较低海拔的矮草地和湖岸区域生活。

分布：在中国有8个亚种，*brandti*亚种见于新疆北部、内蒙古、青海东部、甘肃北部、陕西北部和山西北部；*albigula*亚种见于新疆西部喀什和天山地区；*argalea*亚种见于新疆西南部喀喀什昆仑山脉和西藏南部；*elwesi*亚种见于西藏东部、青海东部祁连山脉和四川北部；*przewalskii*亚种见于青海柴达木盆地；*teleschowi*亚种见于新疆西南昆仑山脉和阿尔泰山；*khamensis*亚种见于四川南部和西部；*flava*亚种繁殖于西伯利亚而越冬于中国东北部较干旱地区。在张掖为常见候鸟。

亚洲短趾百灵 *Alaudala cheleensis* Asian Short-toed Lark

特征： 较小的斑驳褐色百灵，体长13～14厘米，体重20～27克。无冠羽，颈部无黑斑，胸和侧体有暗褐色纵纹，喙黄褐色或灰褐色，较短粗，虹膜褐色，上体布满纵纹且尾部有白色宽边，腿肉粉色。

习性： 栖息于平原、草地和半荒漠地区，特别喜欢水域附近的沙砾草滩和湿草地。以昆虫为食。

分布： 在中国主要分布于黑龙江、吉林、辽宁、内蒙古、甘肃、河北、青海、新疆、西藏、陕西、宁夏、山东、江苏、山西等地。在张掖为不常见候鸟。

中亚短趾百灵（新记录）
Alaudala heinei Turkestan Short-toed Lark

特征： 体形较小，体长14～16厘米，体重20～27克。上体羽毛浅棕色，略沾粉色，最外两侧尾羽白色，中央尾羽棕褐色，飞羽浅黑褐色，翅上覆羽与背同色，虹膜褐色，喙黄色，腿跟和趾肉色，眉纹眼周棕白色。

习性： 栖息于沙质环境的草原地带和半荒漠地区，在岌岌草地和白刺半灌木群落也有栖息。常集小群活动。叫声像亚洲短趾百灵。

分布： 在中国分布于新疆、西藏、甘肃、青海、宁夏、陕西、山西、河北、天津、山东、江苏、四川、台湾和东北。在张掖为不常见候鸟。

崖沙燕 *Riparia riparia* Sand Martin

特征：沙土色的小型燕类，体长12～13厘米，体重48～64克。头部、背、两翼及尾部深灰褐色，尾短而分叉，颜色较浅，下体白色，上体淡灰色，具有明显的宽而带有褐色的胸带，喉部的白色更显著，虹膜深褐色，喙黑褐色，脚灰褐色，爪纯黑色，眼先黑褐色，耳羽灰褐色或黑褐色。

习性：栖息于湖泊、沼泽和江河附近的泥沙质岩壁上，营巢于沟壑陡壁上的洞中。常成群活动，有时可见数百只的大群在一起。善于飞行，速度极快，常成群在水面或沼泽上空飞翔，边飞边叫，一般飞行高度不高。

分布：在中国繁殖于东北、西北地区，在其他地区也有记录，但不明确是否均属于本种，在西北地区的可能是指名亚种，迁徙时经华东、华南。在张掖为不常见候鸟。

家燕 *Hirundo rustica* Barn Swallow

特征：中型燕类，体长15～19厘米，体重16～22克。头及上体蓝黑色，闪金属光泽，额及喉部红色，有蓝色胸带，腹部白色，尾羽较长而分叉，近尾端处有白色斑点，虹膜暗褐色，喙黑色，脚黑色，翼亮黑色。

习性：栖息于人类居住的城市及乡村、镇，筑巢一般在房顶檐下、电杆等人工建筑物上。常成队或成群活动。善于低空飞行，飞行速度敏捷，忽东忽西，忽上忽下。活动的范围不大，主要白天活动。

分布：在中国分布几乎遍及全国。在张掖为常见候鸟。

烟腹毛脚燕 *Delichon dasypus* Asian House Martin

特征：体形较小，体长11～13厘米，体重10～18克。上体黑蓝色且有金属光泽，腰白色，尾浅分叉，下体偏灰色，上体钢青色，胸部烟白色，上背和颏部具蓝色金属光泽，后颈羽毛基部白色，两翅飞羽和覆羽黑褐色并具蓝色金属光泽，虹膜暗褐色，喙黑色，脚和趾淡白色且均被白色绒毛。

习性：栖息于海拔1500米以上的山地悬崖峭壁上。更善于飞行，常见其高空飞翔。成群活动，常与其他燕类混群。

分布：在中国分布于中东部、青藏高原、华南及台湾，地区性常见。在张掖为不常见候鸟。

金腰燕 *Cecropis daurica* Red-rumped Swallow

特征：大型燕类，体长16～20厘米，体重19～29克。腰部有明显的栗黄色带状的苞子，背及翼上覆羽深黑蓝色，后颈栗黄色，形成颈环，下体栗白色且有黑色纵纹，尾长而分叉，黑色，喙和脚黑色，虹膜褐色。

习性：栖息于低山丘陵和平原地区的村庄，城镇居民区常出现于平地至低海拔的空中或电线上。集小群或大群活动。较活跃，喜飞翔，飞行极为灵巧，动作迅速，休息时大多停歇在屋顶、屋檐和房前屋后的电线和树枝上。

分布：在中国，常见于低海拔的大部分地区，指名亚种繁殖于东北；*japonica*亚种繁殖于整个华东地区，并为广东和福建的留鸟；*gephyra*亚种繁殖于青藏高原至甘肃、宁夏、四川和云南北部，迁徙时途经东南地区。在张掖为不常见候鸟。

花彩雀莺 *Leptopoecile sophiae* White-browed Tit-warbler

特征：体羽蓬松的小型偏紫色雀莺，体长9～12厘米，体重6～8克。顶冠棕色，眉纹白色，虹膜玫瑰红色，喙及跗跖黑色。雄鸟胸部和腰部紫色，尾部蓝色，眼罩黑色。雌鸟体色较浅，上体黄绿色，腰部蓝色较少，下体偏白色。

习性：夏季栖息于林线以上至海拔4600米地区的矮小灌丛中，冬季下至海拔2000米处。非繁殖期集群生活。飞行弱，常下至地面。性活跃，频繁在枝间跳动穿梭。

分布：在中国分布于甘肃、青海、四川、西藏和新疆等地。在张掖为不常见留鸟。

凤头雀莺 *Leptopoecile elegans* Crested Tit-warbler

特征：体形小，体长9～10厘米，体重5～8克。雄鸟翅膀虹彩蓝绿色，头顶银色长帽，脸颊和颈部呈铁锈色。雌鸟较苍白，头部银灰色，眉毛细长且黑色。雌雄都有粉红色的侧翼。

习性：夏季栖息于海拔4300米以下的高山灌木丛和亚高山森林中，冬季下至海拔2800～3900米的亚高山林区。结小群并常与其他种类混群。

分布：中国特有种，分布于青海、甘肃及四川北部和西部、西藏东部和东南部。在张掖为不常见留鸟。

银喉长尾山雀 *Aegithalos glaucogularis* Silver-throated Bushtit

别名：洋红儿（北方别名）、十姐妹、十姊妹（南方别名）、团子、银颏山雀

特征：体羽蓬松的小型山雀，体长13～16厘米。具细小的黑色喙和极长的黑色尾部，尾部边缘白色，具宽阔黑色眉纹、褐色和黑色翼斑，下体沾粉色。

习性：栖息于山地森林和灌木林，也见于果园、城市公园和湿地芦苇等生境。性活泼，集小群在树冠层和低矮树丛中觅食昆虫和种子。夜栖时挤成一排。

分布：中国特有种，指名亚种常见于华中至华东的长江流域地区，包括陕西南部、四川局部、湖北、河南东部至江苏和浙江北部；*vinaceus* 亚种见于西南、华中和东北局部地区，包括青海东部、甘肃中部、内蒙古中东部和东南部、辽宁南部、河北北部、山东、四川中部和西南部以及云南西北部。在张掖为常见留鸟。

甘肃柳莺 *Phylloscopus kansuensis* Gansu Leaf Warbler

特征：小巧而不常见的偏绿色柳莺，体长约9～10厘米，体重约10克。体形比麻雀小得多，上半身以橄榄绿色或褐色为主，下体淡白色，有一条淡绿色的眉纹以及翼上有两道白斑，喙细尖，上喙色深、下喙色浅，与许多其他小型叶莺极为相似。

习性：常活跃在柳树、槐树等乔木树梢、树杈间，不停地跳跃、啄食。性不畏人，很容易被发现。迁徙季节，在平原公园、庭院中常见到，一般集三五成群。繁殖于有云杉和刺柏的落叶林。

分布：中国特有种，繁殖于中北部，越冬于西南。在张掖为常见夏候鸟。

黄腰柳莺 *Phylloscopus proregulus* Pallas's Leaf Warbler

别名：柳串儿、串树铃儿、绿豆雀、柠檬柳莺、巴氏柳莺、黄尾根柳莺

特征：小型柳莺，体长9～10厘米，体重5～7.5克。背部绿色，腰部柠檬黄色，具两道浅色翼斑，下体灰白色，臀部和尾下覆羽沾浅黄色，具黄色的粗眉纹和狭窄顶冠纹，深色贯眼纹在眼后变宽形成黑色三角形，新羽眼先橙色，旧羽更浅且偏灰

色，喙细小。

习性：栖息于亚高山森林，夏季可至海拔4200米林线处，越冬于低海拔林地和灌丛。

分布：在中国为常见候鸟，指名亚种繁殖于东北地区，迁徙途经华东，越冬于华南和海南的低海拔地区。在国外繁殖于亚洲北部，越冬于印度和中南半岛北部。在张掖为常见候鸟。

棕眉柳莺 *Phylloscopus armandii* Yellow-streaked Warbler

特征：较大而敦实的纯橄榄褐色柳莺，体长112～136毫米，体重9～12克。头顶、颈、背、腰和尾上覆羽概为沾绿的橄榄褐色，眉纹棕白色，自眼先有一暗褐色贯眼纹伸至耳羽，颊与耳羽棕褐色，飞羽和尾羽黑褐色，具浅绿褐色羽缘，下体近白色，微沾以黄绿色细纹，尾下覆羽淡黄皮色，腋羽黄色。两性羽色相似。

习性：栖息于海拔3200米以下的中低山地区和山脚平原地带的森林，尤以针叶林和杨桦林以及林缘及河边灌丛地带较常见。常单独或成对活动，有时也集成松散的小群在灌木和树枝间跳跃觅食。

分布：中国特有种，繁殖仅限于中国境内，越冬于中国云南南部地区。在张掖为罕见过境鸟。

褐柳莺 *Phylloscopus fuscatus* Dusky Warbler

别名：达达跳、嘎叭嘴、褐色柳莺

特征：体长11～12厘米，体重7～12克。外形甚显紧凑而墩圆，两翼短圆，尾圆而略凹，上体灰褐色，飞羽有橄榄绿色的翼缘，喙细小，腿细长，眉纹棕白色，贯眼纹暗褐色，颏、喉白色，下体乳白色，胸及两胁沾黄褐色。

习性：隐匿于沿溪流、沼泽周围及森林中潮湿灌丛的浓密低植被之下，高可上至海拔4000米。常往上翘尾并摆动两翼及尾部。

分布：在中国指名亚种繁殖于北方大部分地区，越冬于华南、海南和台湾。在张掖为不常见候鸟。

暗绿柳莺 *Phylloscopus trochiloides* Greenish Warbler

别名：柳串儿、绿豆雀、穿树铃儿

特征：体长10～11厘米，体重6～10克。背部偏绿色，通常具一道黄白色且翼班，眉纹淡黄白色长而显著，偏灰色顶冠纹和绿色侧冠纹之间几乎无对比，贯眼纹暗褐色，耳羽具暗色细纹，下体污黄白色，两胁沾橄榄色，眼圈偏白色，下喙淡黄色。

习性：夏季栖息于高海拔灌丛和林地，冬季见于低海拔森林、灌丛和农田。性活跃，行动轻捷，整天不停息地在树枝间跳来跳去，飞进飞出，在树枝间捕食飞行昆虫。

分布：在中国为常见候鸟。在国外繁殖于亚洲北部和喜马拉雅山脉，越冬于印度、海南和东南亚。在张掖为不常见候鸟。

大苇莺 *Acrocephalus arundinaceus* Great Reed Warbler

特征：大型苇莺，体长19～20厘米，体重17～33克。显笨重，体无纵纹，喙粗厚而喙端色深，上体暖褐色，腰部和尾上覆羽棕色，下体白色，胸侧、两胁和尾下覆羽沾暖皮黄色，头部显高耸，眉纹白色或皮黄色（新羽），无深色上眉纹。与东方大苇莺的区别为体形更大，喉部无细纹且两羽较长。喙深色而下喙基色浅。

习性：栖息于芦苇地和近水灌丛。在芦苇地笨拙地移动，在地面时似鸫。飞行时尾羽展开。

分布：在中国*zarudnyi*亚种繁殖于新疆西部。在国外分布于非洲、欧亚大陆、印度，地区性常见于海拔2000米以下。在张掖为常见候鸟。

东方大苇莺 *Acrocephalus orientalis* Oriental Reed Warbler

别名：苇串儿、呱呱唧、剖苇、麻喳喳

特征：体形略大的褐色苇莺，体长17～19厘米，体重22～29克。具显著的皮黄色眉纹，上体橄榄褐色，下体乳黄色，第一枚初级飞羽长度不超过初级覆羽，虹膜褐色，上喙褐色，下喙偏粉色，脚灰色。

习性：喜低海拔地区的芦苇地、稻田、沼泽和次生灌丛。常单独或成对活动。性活泼。

分布：在中国繁殖于新疆北部、东部至华中、华东和东南地区，迁徙途经华南各地和台湾。在张掖为常见候鸟。

小蝗莺 *Locustella certhiola* Pallas's Grasshopper Warbler

别名：中型莺，蝗虫莺、柳串儿、扇尾莺、花头扇尾

特征：体长13～15厘米，体重12～21克。上体橙褐色至橄榄褐色，具较显著的黑褐色斑纹，下体羽乳白色，无斑纹，尾羽腹面具显著的近端黑斑和淡白色先端，虹膜暗褐色，喙暗褐色，下喙基黄褐色，脚暗褐色。雌雄鸟羽色相似。

习性：栖于芦苇地、沼泽、稻田、近水的草丛、蕨丛以及林缘地带。隐于浓密的植被下，即便受惊，也仅飞行数米远后又扎入隐蔽处。

分布：在中国为地区性常见的夏候鸟和过境鸟。在张掖为常见夏候鸟。

橙翅噪鹛 *Trochalopteron elliotii* Elliot's Laughingthrush

特征：体长22～26厘米，体重49～75克。头顶深葡萄灰色或沙褐色，上体灰橄榄褐色，外侧飞羽外翈蓝灰色而基部橙黄色，中央尾羽灰褐色，外侧尾羽外翈绿色而缘以橙黄色并具白色端斑，喉、胸棕褐色，下腹和尾下覆羽砖红色。

习性：栖息于海拔1500～3400米的山地和高原森林与灌丛中。除繁殖期间成对活动外，其他季节多成群。杂食性，以昆虫和植物果实与种子为食，所吃昆虫主要以金龟甲等鞘翅目昆虫居多，其次是毛虫等鳞翅目幼虫。

分布：在中国分布于青海、甘肃、陕西、湖北、四川、贵州、云南和西藏等地。在张掖为常见留鸟。

保护等级：国家二级保护野生动物。

山噪鹛 *Pterorhinus davidi* Plain Laughingthrush

特征：体长23～29厘米，体重50～95克。成鸟上体沙褐色，头顶较暗，眼先灰白色且缀黑色羽端，眉纹和耳羽淡沙褐色，腰和尾上覆羽偏灰色，中央尾羽灰沙褐色，羽端暗褐色，其余尾羽黑褐色且具隐隐黑横斑，基部稍沾灰色，飞羽暗灰褐色，外翈灰白色，下体颏黑色，喉和胸灰褐色，腹及以下淡灰褐色，虹膜灰褐色，喙黄色，喙峰沾褐色，脚肉黄色或灰褐色。

习性：栖息于山地至平原的灌丛和矮树丛中，常成对或结三五小群活动。善鸣唱。

分布：中国北部和中部特有种，主要分布于内蒙古东部、黑龙江西部、辽宁、河北、北京、山西、陕西、河南、甘肃、宁夏、青海和四川等地区。在张掖为常见留鸟。

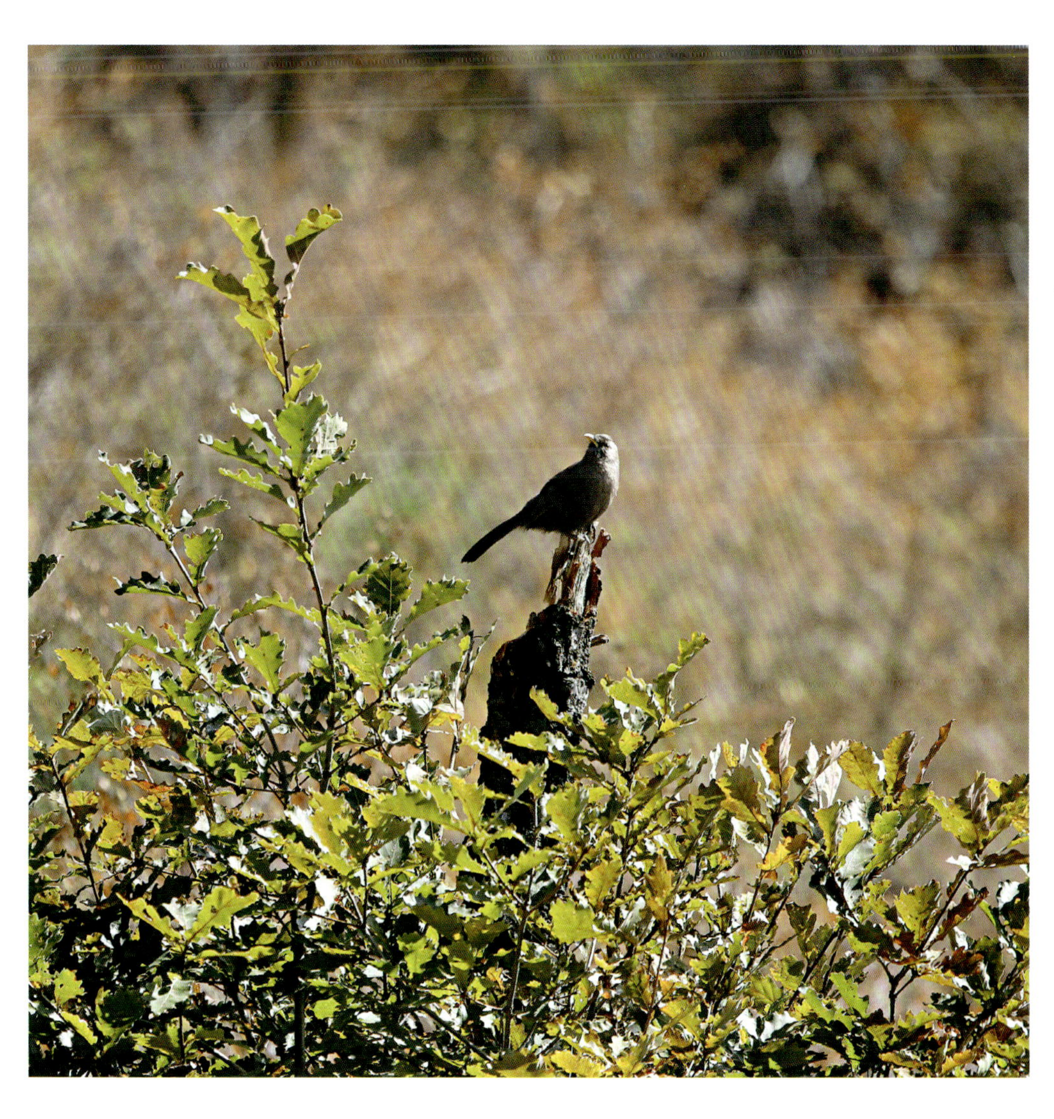

沙白喉林莺 *Sylvia minula* Desert Lesser Whitethroat

特征：较小的纯色林莺，体长12～13厘米，体重8～13克。上体纯沙灰色，喉及下体白色，尾缘白色，与白喉林莺的区别在体羽灰色较淡，无近黑色的耳羽且喙较小。虹膜褐色，喙黑色，脚灰褐色。

习性：主要栖息于有零星灌木和植物生长的干旱荒漠、戈壁和半荒漠地区。常单独或成对活动，整天不停地在灌木枝叶间跳来跳去，也在地上蹦跃奔跑和做短距离飞翔，很少休息。较其他林莺活跃。

分布：在中国为地区性常见候鸟。在张掖为不常见候鸟。

白喉林莺 *Sylvia curruca* Lesser Whitethroat

别名：小白喉莺、白喉莺、沙白喉莺、树串儿

特征：较小的林莺，体长13～14厘米，体重12～15克。头部灰色，贯眼纹黑褐色或暗褐色，上体褐色，喉部白色，下体污白色，耳羽深黑灰，胸侧及两胁沾皮黄

色、褐色或淡粉红色，外侧尾羽羽缘白色。似沙白喉林莺但体羽色较深，脚色较深且喙较大。

习性：栖息于开阔环境中的浓密灌丛。性隐蔽。常单独或成对活动，性活泼。

分布：在中国 *blythi* 亚种为大部地区的不常见过境鸟。在张掖为不常见候鸟。

亚洲漠地林莺 *Sylvia nana* Desert Warbler

别名：漠莺、漠林莺

特征：较小的纯棕褐色林莺，体长11～13厘米，体重11～12克。三级飞羽、腰及尾上覆羽棕色，下体白色。虹膜黄褐色，喙黄色而上喙中脊线黑色，跗跖偏黄色。似白喉林莺及沙白喉林莺但色彩较淡且多棕色。

习性：栖息于海拔300～1600米的防护林带林缘灌丛及荒漠和半荒漠地区的灌丛。偏地栖性，并足跳跃，尾部半上翘并摆动。飞行能力弱，不做长距离飞行，仅在灌木间作短距离飞行。

分布：在中国为不常见候鸟，指名亚种繁殖于西北地区的新疆西部至内蒙古西部。在国外繁殖于非洲西北部、亚洲中南部，越冬于阿拉伯半岛至巴基斯坦。在张掖为不常见候鸟。

红翅旋壁雀 *Tichodroma muraria* Wallcreeper

别名：爬树鸟、石花儿、爬岩树

特征：较小而优雅的灰色雀鸟，体长16～17厘米，体重15～23克。尾短而喙长，翼具醒目的绯红色斑纹，飞羽黑色，外侧尾羽羽端白色显著，初级飞羽两排白色点斑飞行时成带状。繁殖期雄鸟脸及喉黑色，雌鸟黑色较少；非繁殖期成鸟喉偏白色，顶冠及脸颊沾褐色。虹膜深褐色，嘴脚黑色。

习性：常在岩崖峭壁上攀爬，冬季下至较低海拔处，甚至于建筑物上觅食，被称为“悬崖上的蝴蝶鸟”。

分布：在中国 *nepalensis* 亚种不常见于西部、青藏高原、华中和华北地区，越冬个体见于华南和华东大部地区。在张掖为不常见留鸟。

丝光椋鸟 *Spodiospar sericeus* Red-billed Starling

特征：较大的黑灰、白色中型椋鸟，体长20～23厘米，体重65～83克。雄鸟头部银灰色，颏、喉白色，羽毛在颈部形成丝状羽，上背和下体体羽浅灰色，背、腰和上覆羽银灰色并具蓝绿色和紫色的金属光泽。小覆羽有宽的灰色羽缘，初级飞羽基部有显著的白斑，外侧大覆羽具有白色羽缘。虹膜黑色，喙红色而尖端黑色，脚橘红色。

习性：常成对或集大群活动于林缘或开阔地带，尤以阔叶丛林、针阔混交林、经济林及农田附近的稀疏林较常见，也与其他椋鸟混群。觅食于高大乔木上层，也取食地面。

分布：在中国分布于华南、华中和东南（包括台湾、海南），属该区域留鸟，繁殖于中国。在张掖为不常见候鸟。

灰椋鸟 *Spodiospar cineraceus* White-cheeked Starling

特征：体形中等，体长19～23厘米，体重65～105克。头部黑色，头侧有白色纵纹，到耳部白色偏大，喉和上胸灰黑色，眼先和眼周灰白色掺有黑色，尾上覆羽白色，中央尾羽灰褐色，外侧尾羽黑褐色，上体深灰褐色，下体灰褐色，虹膜黑褐色，喙红色，尖端黑色，脚橘黄色。

习性：栖息于低山丘陵、平原、旷野、疏林草甸、河谷阔叶林、农田和路边居居民点附近的丛林中。喜集群或成对活动。

分布：在中国分布于黑龙江以南和辽宁、河北、内蒙古以及黄河流域，繁殖于华北和东北，迁徙途经华南地区。在张掖为常见候鸟。

北椋鸟 *Agropsar sturninus* Daurian Starling

特征：体形较小，体长16～19厘米，体重45～60克。背部深色。雄鸟头、颈、下体至尾下覆羽灰白色，背部有亮紫色光泽，两翼黑色而泛墨绿色光泽并有两道白色翅斑，腰皮黄色，尾上覆羽紫黑色，上体偏灰色，虹膜黑褐色，喙角质黑色，脚淡灰色。雌鸟与雄鸟大致相似，上体烟灰色，无紫色光泽，颈背有褐色斑点，两翼及尾黑色，上体枕部无黑色斑块。

习性：栖息于平原地区的田野树林、草甸、河谷、阔叶林或沿海开阔地带，时而栖息于电杆、树木的枝条上。喜集群活动。

分布：在中国华南、东南、台湾、海南大部分地区为留鸟。在张掖为不常见候鸟。

粉红椋鸟 *Pastor roseus* Rosy Starling

特征：小型而色彩鲜明的椋鸟，体长19～22厘米，体重67～88克。头顶具紫色羽冠，头部、颈、喉黑色并有蓝紫色金属光泽，背部和腹部粉红色，两翅及尾黑褐色，颈部有丝状羽。雌雄相似，但雌鸟羽色较淡，虹膜黑色，喙黄色且基部黑色，脚粉色并粗壮，爪发达。

习性：栖息于干旱草原、荒漠或半荒漠，也见于园林、林缘空地。常集群营巢，有时还追逐家禽，捕食昆虫。

分布：在中国繁殖于新疆中部和西部，也是西北开阔地区常见留鸟。在张掖为不常见候鸟。

紫翅椋鸟 *Sturnus vulgaris* Common Starling

特征：中型偏黑椋鸟，体长19～22厘米，体重60～78克。通体黑色而泛黑紫色或绿色光泽，全身除尾羽和飞羽外，密布，白色和黄色斑点，新羽斑点呈矛状，羽缘锈色而成扇贝形纹和斑纹，旧羽斑纹多消失，虹膜深褐色，喙黄色，脚浅红色，头、喉、前颈部呈铜绿色。

习性：常集群活动于开阔地，非繁殖期能聚集成数万甚至数十万只巨型群，飞行能力极强。

分布：在中国繁殖于新疆西北部，迁徙时经西部和西南部，非繁殖期分布至除东北以外的几乎全国各地，包括台湾和海南。在张掖为不常见候鸟。

赤颈鸫 *Turdus ruficollis* Red-necked Thrush

别名：红脖鸫、红脖子穿草鸫

特征：体形中等，体长22～24厘米，体重60～122克。上体灰褐色，有窄的栗色眉纹，颏、喉、上胸红褐色，腹至尾下覆羽白色，腋羽和翼下覆羽橙棕色，虹膜暗褐色，喙黑褐色，下喙基部黄色，脚黄褐色或暗褐色。

习性：繁殖期间主要栖息于各种类型的森林中，尤以针叶林和泰加林中较常见，迁徙季节和冬季也出现于低山丘陵和平原地带的阔叶林、次生林和林缘疏林与灌丛中，有时也见在乡村附近果园、农田和地边树上或灌木上活动和觅食。除繁殖期间成对或单独活动外，其他季节多成群活动。

分布：在中国甚常见，迁徙途经中西部和东北地区至西藏东南部和云南西部越冬。在张掖为常见候鸟。

黑喉鸫 *Turdus atrogularis* Black-throated Thrush

特征：体形中等，体长22～26厘米，体重60～100克。虹膜褐色，喙褐色，下喙基部黄色，脚褐色。雄鸟上体暗橄榄灰色，翅褐色，外翻羽缘灰色，尾黑褐色，颏、喉和上胸黑色，下体白色。雌鸟和雄鸟相似，但颏、喉和上胸白色而具黑色条纹。

习性：主要栖息于山地各种森林类型中，尤以针叶林和泰加林中较常见。常单独或成对活动，秋冬季节亦成群。多在林下地上活动和觅食。

分布：在中国甚常见，繁殖于西北地区阿尔泰山、天山、喀什和昆仑山脉西部地区，迁徙途经中西部地区至西藏东南部和云南西部越冬。在张掖为常见候鸟。

红尾鸫 *Turdus naumanni* Naumann's Thrush

别名：红尾斑鸫、斑鸫

特征：体长22～25厘米，体重63～81克。雄鸟整个上体自额至尾上覆羽灰褐色，头顶至后颈及耳羽具黑色羽干纹，眉纹淡棕色，眼先黑色；有些个体腰和尾上覆羽具有栗红色斑；翼黑褐色，大覆羽外翈白色；中央尾羽黑褐色，基部泛棕红色，外侧尾羽外翈多为棕红色；下体颏、喉棕白色，两侧缀有黑褐色斑点；胸、胁、尾下覆羽和腋羽等均为棕栗色且缀有白色羽缘，腹部中央白色；虹膜褐色，喙黑褐色，下喙基部黄色，脚淡褐色。雌鸟似雄鸟，但体色略暗淡，喉和上胸黑褐色斑更显著。

习性：栖息于开阔的多草地带及田野。冬季集大群。

分布：在中国迁徙途经东北，越冬于华东和台湾。在张掖为不常见候鸟。

灰头鸫 *Turdus rubrocanus* Chestnut Thrush

特征：较大的栗色鸫，体长25～28厘米，体重85～125克。整个头、颈和上胸褐灰色，两翼和尾部黑色，上、下体羽栗棕色，颏灰白色，尾下覆羽黑色且具白色羽轴纹和端斑，虹膜褐色，眼圈、喙、脚黄色。

习性：主要栖息于海拔2000～3500米的山地阔叶林、针阔叶混交林、杂木林、竹林和针叶林中，尤以森林茂密的针叶林和针阔叶混交林较常见，冬季多下到低山林缘灌丛和山脚平原等开阔地带的树丛中活动。一般单独或成对活动。繁殖期间极善鸣叫，鸣声清脆响亮。

分布：在中国指名亚种为西藏南部、四川北部和西部留鸟；*gouldii*亚种为青藏高原东部、华中至江西的常见留鸟。在张掖为常见留鸟。

乌鹟 *Muscicapa sibirica* Dark-sided Flycatcher

特征：体形略小的烟灰色鹟，体重9～15克，体长12～14厘米。上体深灰色，翼上具不明显皮黄色斑纹，下体白色，两胁深色且具烟灰色杂斑，上胸具灰褐色模糊带斑，白色眼圈明显，喉白色，通常具白色的半颈环，下脸颊具黑色细纹，翼长至尾的2/3，虹膜深褐色，嘴黑色，脚黑色。诸亚种的下体灰色程度不同。亚成鸟脸及背部具白色斑点。

习性：树栖性，常在高树树冠层，很少下到地上活动和觅食，主要栖息于海拔800米以上的针阔叶混交林和针叶林中。除繁殖期成对，其他季节多单独活动。日出后是它们的活动高峰，飞捕空中过往的小昆虫。

分布：在中国较常见于海拔4000米以下的常绿林地，冬季迁至低海拔处。在张掖为不常见候鸟。

新疆歌鸲 *Luscinia megarhynchos* Common Nightingale

别名：夜歌鸲

特征：大型暖褐色鸲，体长15～17厘米，体重23～27克。成鸟全头顶和头侧淡棕褐色，眼先微微泛白，不甚明显的眼圈近白色，上体全为淡棕褐色，飞羽暗褐色且具棕色外缘，圆形尾较长，尾羽棕褐色，下体污白色，胸和两胁微沾棕色，无斑点，虹膜褐色，喙黑褐色，脚肉褐色。幼鸟上体暗褐色且具赭褐色亚端斑，下体污白色，喉部有一褐色横带。

习性：栖于浓密低矮灌丛，通常离地面不超过3米。在地面作有力的并足跳跃，并伴以两翼扇动和尾部半翘及左右摆动。性隐蔽，常于夜间在浓密躲避处鸣唱。

分布：在中国分布于新疆西北部，为夏候鸟。在张掖为罕见候鸟。

保护等级：国家二级保护野生动物。

红喉歌鸲 *Calliope calliope* Siberian Rubythroat

别名：西伯利亚歌鸲、红点颏、红颏、点颏、红脖、野鸲

特征：体长14～17厘米，体重16～27克。虹膜褐色。嘴暗褐色。脚粉褐色。雄鸟头部、上体主要为橄榄褐色，眉纹白色，颏部、喉部红色，周围有黑色狭纹，胸部灰色，腹部白色。雌鸟颏部、喉部不呈赤红色，而为白色。

习性：属地栖性迁徙候鸟，藏于森林密丛及次生植被，一般在近溪流处跳跃或在附近地面奔驰。

分布：在中国繁殖于东北和青海东北部至甘肃南部、四川，越冬于华南和台湾、海南。在张掖为不常见候鸟。

保护等级：国家二级保护野生动物。

红喉姬鹟 *Ficedula albicilla* Taiga Flycatcher

别名：白点颏、黑尾杰、红胸翁、黄点颏

特征：小型褐色鹟，体长12～14厘米，体重8～12克。雄鸟上体灰黄褐色，眼先、眼周白色，尾上覆羽和中央尾羽黑褐色，外侧尾羽褐色，基部白色，颏、喉繁殖期

间橙红色，胸淡灰色，其余下体白色，非繁殖期，颏、喉变为白色。雌鸟颏、喉白色，胸沾棕色，其余同雄鸟。

习性：栖息于林缘及河流两岸的较小树上。有险情时冲至隐蔽处，尾展开显露基部的白色。遇警时发出粗哑叫声。

分布：在中国繁殖于极东北部地区，迁徙途经东半部，包括台湾，并于广西、广东和海南为常见冬候鸟。在张掖为不常见候鸟。

赭红尾鸲 *Phoenicurus ochruros* Black Redstart

特征：中型深色红尾鸲，体长13～16厘米，体重14～24克。雄鸟前额、头侧、颈侧、颏至胸黑色，头顶和背灰色或黑色，腰、尾上覆羽、尾下覆羽、外侧尾羽和腹栗棕色，中央尾羽褐色，两翅黑褐色。雌鸟上体和两翅淡褐色，尾上覆羽和外侧尾羽淡棕色，中央尾羽褐色，下体浅棕褐色。

习性：栖息于不同海拔高度的开阔地区，见于家舍周庭院和农田中。领域性强。从停歇处飞出捕食。常点头摆尾。并足跳跃或快速奔跑，站姿高挺。

分布：在中国一般为常见且广布的夏候鸟和冬候鸟。在张掖为常见候鸟。

黑喉红尾鸲 *Phoenicurus hodgsoni* Hodgson's Redstart

特征：体色艳丽的中型红尾鸲，体长13～16厘米，体重15～25克。雄鸟似北红尾鸲，区别为眉纹白色，枕部灰色延至翕部且翼斑较窄；与赭红尾鸲*phoenicuroides*亚种的区别为顶冠前方和翼斑白色。雌鸟似北红尾鸲雌鸟，区别为眼圈偏白色而非皮黄色、胸部偏灰色且无白色翼斑；与赭红尾鸲雌鸟的区别为上体色深。

习性：喜开阔的林间草丛和灌丛。常近溪流活动，觅食于树冠。停息时尾常不停地上下摆动。

分布：在中国较常见，繁殖于西藏南部和东南部、青海东部、甘肃、陕西南部、四川西部、云南西北部海拔2700～4300米地区，越冬于湖北、湖南、四川东部和云南东部。在张掖为常见候鸟。

雀形目 PASSERIFORMES

鹟科 Muscicapidae

白喉红尾鸲 *Phoenicurus schisticeps* White-throated Redstart

特征：体色艳丽的中型红尾鸲，体长14～16厘米，体重14～28克。具特征性白色喉斑，外侧尾羽仅基部棕色。雄鸟顶冠和枕部深青灰蓝色，额部和眉纹亮蓝色，背部灰黑色，尾羽大部分黑色，背部下方棕色，腹部中央和臀部白色，具较大白色翼斑且三级飞羽羽缘白色。雌鸟冬羽顶冠和背部沾褐色，眼圈皮黄色，尾部、喉斑和翼斑同雄鸟。幼鸟体羽具点斑，白色喉斑明显。

习性：夏季单独或成对栖息于亚高山针叶林中的浓密灌丛，冬季下至村庄和低海拔地区。野性且善飞。迁徙时集小群。

分布：在中国繁殖于陕西秦岭、甘肃南部、青海东部和东南部、云南西北部、西藏东南部以及四川海拔2400～4300米地区。在张掖为不常见候鸟。

北红尾鸲 *Phoenicurus auroreuss* Daurian Redstart

别名：灰顶茶鸲、红尾溜、火燕

特征：体长13～15厘米，体重13～22克。具明显的宽阔白色翼斑。雄鸟头顶至背石板灰色，下背和两翅黑色，具明显的白色翅斑，腰、尾上覆羽和尾橙棕色，前额基部、头侧、颈侧、颏喉和上胸黑色，下体橙棕色。雌鸟上体橄榄褐色，眼圈和尾部皮黄色，下体暗黄褐色，胸沾棕色，腹中部近白色。

习性：栖息于山地森林、灌丛地带。常立在突出的枝条上，尾上下颤动和点头。单独或成对活动，行动敏捷，性胆怯。以昆虫及植物种子为食。

分布：在中国较常见，指名亚种繁殖于东北和河北，越冬于华南和东南；*leucopterus* 亚种繁殖于青海、甘肃、宁夏、陕西、四川和云南及西藏，越冬于云南南部和浙江。在张掖为常见候鸟。

红腹红尾鸲 *Phoenicurus erythrogastrus* White-winged Redstart

特征：体大而色彩醒目的红尾鸲，体长15～17厘米，体重22～31克。雄鸟似北红尾鸲但体形较大，头顶及颈背灰白色，尾羽栗色，翼上白斑甚大，冬羽背部具烟灰色边缘。雌鸟似雌性欧亚红尾鸲但体形较大，褐色的中央尾羽与棕色尾羽对比不明显。幼鸟体羽具点斑，白色翼斑明显。

习性：典型的高山和高原鸟类，常停息在树上、灌木枝头、岩石上或地上。多在地上觅食，尾常不停地上下摆动。性惧生而孤僻。除繁殖期成对外，多单独活动。

分布：在中国分布于新疆、青海、甘肃、西藏等地的高山地区，越冬于河北、山西、四川和云南等地。在张掖为常见候鸟。

雀形目 PASSERIFORMES

鹟科 Muscicapidae

白顶溪鸲

Phoenicurus leucocephalus White-capped Water Redstart

特征：较小的黑色和栗色红尾鸲，体长18～19厘米，体重22～48克，雌雄同色。成鸟头顶至枕白色，头颈余部及肩背为乌亮的纯黑色，翼黑褐色，腰和尾上覆羽栗红色，圆形尾较长且栗红色，基部灰色，端部形成明显的黑色端斑。幼鸟色暗且偏褐色，顶冠具黑色鳞状斑。

习性：栖息于山地溪流与河谷沿岸，常站在河边或水中露出的石头上。常单独或成对活动，也成三五小群活动，有时沿河进行低空短距离飞行。求偶时做怪异的摇头动作。

分布：在中国常见于大部地区，包括西部、西南和中部等地区。在张掖为不常见候鸟。

白背矶鸫 *Monticola saxatilis* White-backed Rock Thrush

特征：较小的矶鸫，体长17～20厘米，体重48～61克。雄鸟头至颏、喉和背灰蓝色，腰白色，中央尾羽褐色，外侧尾羽棕栗色，两翅黑褐色，除初级飞羽外，均具白色端斑，下体锈棕色。雌鸟上体灰褐色，下体皮黄色满杂以黑色鳞状斑，尾上覆羽和尾红栗色。

习性：地栖性，主要栖息于有稀疏植物的山地、岩石、荒坡、灌丛和草地，多单独或成对活动，迁徙季节亦见成松散的小群。主要以昆虫为食，也吃植物果实和种子。

分布：在中国较常见于新疆西北部、青海、宁夏、内蒙古及河北等地的适宜生境中，偶见于更南地区。在张掖为常见候鸟。

穗䳭 *Oenanthe oenanthe* Northern Wheatear

别名：麦穗、石栖鸟

特征：小型沙褐色䳭，体长14～16厘米，体重19～30克。两翼色深，腰部白色。雄鸟夏羽额部和眉纹白色，眼先和脸部黑色；冬羽贯眼纹色深，眉纹白色，顶冠和背部皮黄褐色，两翼、中央尾羽和尾羽羽端偏黑色，胸部棕色，腰部和尾侧白色。雌鸟似雄鸟，但体色较暗。

习性：栖于开阔原野。领域性强。站姿高，机警而自信。常点头和扇翅。在地面奔跑或并足跳跃。飞行快而低，落地前振翅。

分布：在中国指名亚种繁殖于新疆西部、内蒙古东北部、宁夏、山西，迷鸟记录于河北、北京和江苏南部。在张掖为常见候鸟。

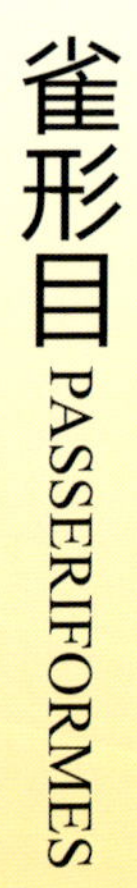

雀形目 PASSERIFORMES

鹟科 Muscicapidae

沙鵰 *Oenanthe isabellina* Isabelline Wheatear

别名：黄褐色石栖鸟

特征：体长15～17厘米，体重20～31克。上体沙褐色且具白色眉纹，腰和尾上覆羽白色，尾黑色，外侧尾羽基部白色，下体沙灰褐色，胸微缀锈色，虹膜暗褐色，嘴、脚黑色。与漠鵰的区别为体形较丰满，头部较大，跗趾较长，翼覆羽黑色较少，且腰部和尾基更白。

习性：单独或成对活动于有灌丛的沙漠地带。尾不断地上下摆动。领域性甚强。在地面快速奔跑，时而停下点头。

分布：在中国较常见于新疆、青海、甘肃、陕西北部和内蒙古3000米以下的平原和荒漠地区。在张掖为常见候鸟。

漠鵰 *Oenanthe desert* Desert Wheatear

特征：体长14～16厘米，体重17～28克。雄鸟上体沙棕色，腰和尾上覆羽白色，两翅和尾黑色，尾基部白色，眼纹白色，眉纹以下整个脸和头侧以及颏、喉黑色，下体白色。雌鸟和雄鸟大致相似，但颏、喉白色，脸和头侧也不为黑色而呈暗棕褐色。

习性：地栖性，主要栖息于干旱荒漠平原、戈壁沙丘、荒漠和半荒漠地带，也栖息于山地裸岩、岩石灌丛草地，甚至海拔4000～5000米的荒漠和半荒漠地带。多在地上快速奔跑觅食。

分布：在中国较常见于荒漠中，分布于新疆、西藏、青海、宁夏、甘肃和陕西北部。在张掖为常见候鸟。

白顶䳭 *Oenanthe pleschanka* Pied Wheatcar

别名： 黑喉白顶䳭、白头、白朵朵

特征： 尾长的中型䳭，体长14～17厘米，体重14～20克。雄鸟头顶至后颈白色，头侧、背、两翅、颏和喉黑色，其余体羽白色，中央一对尾羽黑色，基部白色，外侧尾羽白色且具黑色端斑。雌鸟上体土褐色，腰和尾上覆羽白色，尾白色且具黑色端斑，颏、喉褐色或黑色，其余下体皮黄色。

习性： 常栖息于多石而具灌丛的荒地、农场和城镇。站姿直，尾不上下摆动。雄鸟在高空盘旋鸣唱，再突然俯冲至地面。从停歇处捕食昆虫。

分布： 在中国较常见于新疆西部、青海、甘肃、宁夏、内蒙古、陕西、山西、河南、河北及辽宁等地适宜的荒瘠生境中。在张掖为常见候鸟。

麻雀 *Passer montanus* Eurasian Tree Sparrow

别名：家雀、只只

特征：体形较小且丰满，体长12～15厘米，体重20～26克。两性相似。头部暗栗褐色，背部棕褐色并带黑褐色条纹，耳下方有黑斑，喉部黑色，翅膀上有两道由大覆羽和中覆羽的白色羽端形成的横斑纹，胸部和腹部淡灰色且带褐色。

习性：栖息于稀疏林地、村庄和农田，在中国东部地区取代家麻雀生活于城镇中。性活跃。食谷物。

分布：在中国常见于包括海南和台湾在内的各地中海拔以下地区。在张掖为常见留鸟。

黑顶麻雀 *Passer ammodendri* Saxaul Sparrow

特征：体形中等，体长14～16厘米，体重24～35克。雄鸟具延至枕部的独特黑色顶冠纹，贯眼纹和颏部黑色，眉纹和枕侧棕褐色，脸颊浅灰色，上体褐色并具黑色纵纹，尾部略分叉。雌鸟体色较暗，但翕部偏黑色，纵纹和大、中覆羽的浅色羽端明显。*nigricans* 亚种雄鸟翕部和背部纵纹较黑，*stoliczkae* 亚种背部、顶冠两侧和枕部黄褐色较浓。

习性：栖息于荒漠中的绿洲、河床以及贫瘠山麓地带，与梭梭属植物关系密切。性羞怯。

分布：在中国地区性常见，*nigricans* 亚种见于新疆极西北部，*stoliczkae* 亚种见于新疆西部至内蒙古西部和宁夏。在张掖为常见留鸟。

棕胸岩鹨 *Prunella strophiata* Rufous-breasted Accentor

特征：中型褐色岩鹨，体长13～16厘米，体重15～22克。上体棕褐色且具宽阔的黑色纵纹，眉纹前段白色、较窄，后段棕红色、较宽阔，颈侧灰色且具黑色轴纹，颏、喉白色且具黑褐色圆形斑点，胸棕红色，呈带状，胸以下白色且具黑色纵纹。

习性：喜较高海拔的森林和林线以上的灌丛，冬季往较低处迁移。主要以植物的种子为食，也吃少量昆虫等动物性食物，尤其在繁殖期间捕食昆虫量较大。

分布：在中国分布于西藏南部和东南部、青海、甘肃、陕西秦岭、四川西部和云南西北部海拔2400～4300米地区。在国外分布于阿富汗东部、喜马拉雅山脉、缅甸东北部和青藏高原。在张掖为常见留鸟。

棕眉山岩鹨 *Prunella montanella* Brown Aceentor

特征：体形整体略小，体长13～15厘米，体重15～21克。上体暖褐色，头顶及头侧近黑色，眉纹和喉部橙黄色，眼先至脸颊黑色，颈部暗灰色，下体皮黄色，两胁有稀疏纵纹，虹膜黄色，喙黑褐色，下喙基部黄褐色，脚暗黄色，后颈背肩栗褐色，腰和尾上覆羽灰褐色或橄榄褐色，中覆羽和大覆羽尖端黄白色或棕色。

习性：栖息于低山丘陵和山脚平原地带的林缘、河谷、灌丛、农田等地带。常单独或成对活动，在灌丛中活动较多。

分布：在中国越冬于华北和东北，也见于青海、甘肃、四川（北部）至安徽、山东和江苏。在张掖为不常见候鸟。

褐岩鹨 *Prunella fulvescens* Brown Accentor

特征：体形较小，体长13～16厘米，体重14～19克。头褐色或暗褐色，有一长而宽的眉纹从喙基到后枕，白色或皮黄白色，背、肩灰褐色或棕褐色且具暗褐色纵纹，颏、喉白色，下体淡棕黄色或皮黄白色。

习性：地栖性，主要栖息于海拔2500～4500米的高原草地、荒野、农田、牧场，有时甚至进到居民点附近。在地上、岩石上或灌丛中活动和寻食。以甲虫、蛾、蚂蚁等昆虫为食，也吃蜗牛等其他小型无脊椎动物和植物果实、种子与草籽等植物性食物。

分布：在中国新疆西部喀什、天山、昆仑山、阿尔泰山和西藏、青海、四川、甘肃、宁夏及内蒙古东北部额尔古纳河。在张掖为常见留鸟。

黄鹡鸰 *Motacilla tschvtschensis* Eastern Yellow Wagtail

特征：体形中等而腹部黄色的鹡鸰，体长16～18厘米，体重11.2～26.4克。成鸟的背部橄榄绿色或橄榄褐色，尾部较短而无白色的翼斑和黄色腰部，眉纹及喉白色，虹膜褐色，喙褐色，脚褐色至黑色。较常见的simillima亚种雄鸟头顶灰色，眉纹和喉部黄色，上体亮黄绿色，耳羽色较深。

习性：栖息于低小丘陵、平原，常在林缘、村中溪流、平原河谷、村屯、湖畔和居民点附近活动，更喜欢停息在河边的石头上，不停地摆动着尾巴。

分布：在中国*tschuschensis*亚种迁徙时见于东部省份；*macronyx*亚种繁殖于北方及东北，越冬于海南。在张掖为常见候鸟。

黄头鹡鸰 *Motacilla crtieolla* Citrine Wagtail

特征：体形略小而头部黄色的鹡鸰，体长16～20厘米，体重18～25克。雄鸟头部和下体亮黄色，有两道白色翼斑，尾上覆羽和尾羽黑褐色，外侧两对尾羽具大型楔状白斑。雌鸟头顶灰色。各亚种上体的颜色各有不同，指名亚种背部和两翼灰色，werae亚种背部灰色较浅，*calcarata*亚种背部和两翼黑色，雌鸟的顶冠和脸颊灰色。与黄鹡鸰的区别为背部灰色，虹膜黑褐色，喙黑色，脚浅黑色。

习性：栖息于湖畔、河边，农田、草地沼泽周围。常成对或集小群活动，也有单独活动的。常沿水边小跑追逐捕食，栖息时尾常上下摆动。

分布：在中国繁殖于西北、华北和东北，而越冬于南方地区。*calcarata*亚种繁殖于西部和青藏高原，越冬于西藏东南部和云南。在张掖为常见候鸟。

灰鹡鸰 *Motacilla cinerea* Gray Wagtail

特征：体形中等，体长16～19厘米，体重14～22克。头灰色，细眉纹白色，上体灰色，下体黄色，肩、背、腰灰色并有暗绿色或暗灰色，尾较长，尾巴下腹羽黄色，而其余部分白色，虹膜褐色，喙黑褐色，脚粉红色。飞行时白色翼斑和黄色的腰显现，中央尾羽黑色或黑褐色，并具有黄色羽缘。

习性：多栖息于溪流河谷、湖泊、水塘、沼泽及水域，岸边或湿地附近的草地、农田等地，有时也出现在城市园林中，从海拔2000米的平原到2000米以上的高原湿地均有栖息。常单独或成对活动，有时也集小群。常站立于树枝或在地上跳跃行进。

分布：在中国海拔1500米以下地区为常见候鸟，指名亚种繁殖于西北地区青海东部、甘肃和阿尔泰山至新疆西部天山等地，冬季南迁，有些亚种繁殖于华北、东北、华中、华南、东南和海南、台湾。在张掖为常见候鸟。

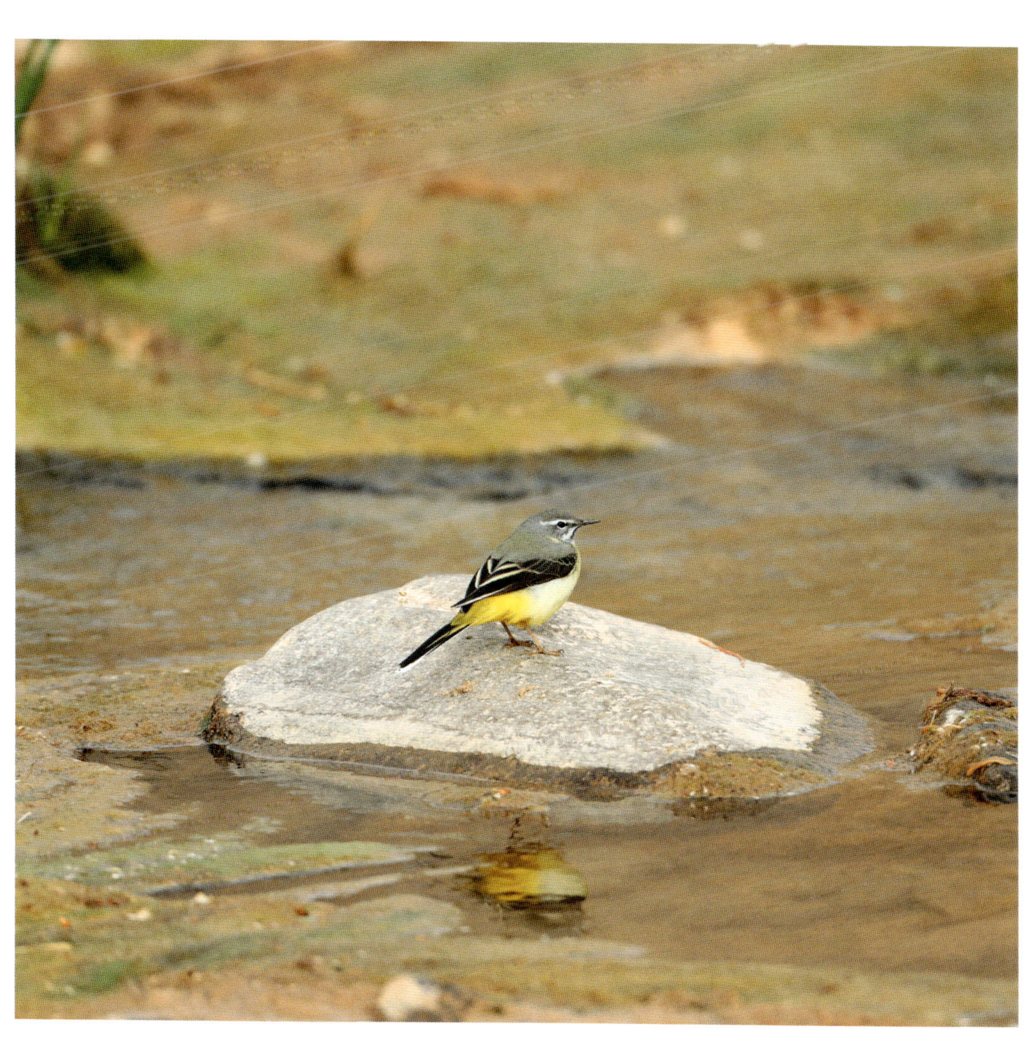

白鹡鸰 *Motacilla alba* White Wagtail

特征：体形中等，体长16.5～18厘米，体重17.6～24.6克。雄鸟全身以黑白色为主，上体体羽黑色或灰色，下体白色，两翼及尾部黑白相间，枕和后颈黑色，翅上小腹羽灰色或黑色，中覆羽、大覆羽白色或尖端白色，尾长而窄，尾羽黑色，虹膜黑褐色，喙黑色，脚黑色。雌鸟似雄鸟，但体色较暗。颜色上各亚种都存在差异。

习性：栖息于近水的开阔地带、农田、溪流两侧、城市园林中。多栖息于地上岩石上，有时也站立于地上不动，尾巴不住地上下摆动。单独和集小群活动。

分布：白鹡鸰有很多亚种，在中国*personata*亚种繁殖于西北地区；*baicalensis*亚种繁殖于东北；*dukhounensis*亚种迁徙时见于西北；*ocularis*亚种越冬于南方，包括海南及台湾；*alboides*亚种繁殖于四川、云南和西藏东南部山区，各亚种混群越冬于云南坝区。在张掖为常见候鸟。

理氏鹨 *Anthus richardi* Richard's Pipit

特征：体形较大，体长17～18厘米，体重21～40克。上体有褐色纵纹，腿长，眉纹浅皮黄色，下体皮黄色，胸部具有深色纵纹，上喙褐色，下喙偏黄色，后爪明显肉色，脚黄褐色，虹膜褐色。

习性：栖息于开阔的草原、湿地草地、沿海的山区草甸、农田。单独或集小群活动。飞行姿态呈波状，在地面站姿比较直。

分布：在中国分布于1500米以下地区常见候鸟，繁殖于华北和东北，冬季迁至华南。在张掖为不常见候鸟。

田鹨 *Anthus rufulus* Paddy Field Pipit

特征：体形较小，体长15～20厘米，体重20～43克。尾短，胸和胁部的斑点较为细小而稀疏，腿及后爪较短，虹膜褐色，上喙黑褐色，下喙黄色，脚粉红色。

习性：栖息于稻田、草地和溪流。常急速在地面奔跑，觅食时尾巴摆动。

分布：在中国常见于四川以南及云南河谷、坝区开阔地，越冬至广西、广东。在张掖为不常见候鸟。

草地鹨 *Anthus pratensis* Meadow Pipit

特征：体形小，体长14.5～15厘米，体重14.5～22克。整体橄榄色，喙修长，顶冠有黑色纵纹，眉纹短，背部具粗纹，但腰无纵纹，下体皮黄色，前端有黑色纵纹，尾褐色，外侧尾羽次端具白色宽边，腿、脚偏粉色。

习性：栖息于河流、湖泊、水塘、沼泽、草地和半荒漠地区，也常在林缘路边活动。迁徙时集大群，大多在地上奔跑觅食。

分布：在中国分布于天山西部和新疆西北部。在张掖为罕见候鸟。

林鹨 *Anthus trivialis* Tree Pipit

特征：中型灰褐色鹨，体长14～16厘米，体重15～39克。头部和颌部布满色纵纹，上体淡黄褐色或灰褐色，喙短，上喙褐色，下喙粉红色，下体皮黄色，胸部纵纹延伸至肋部，爪短而弯曲，外侧第二枚尾羽内翈有一白色小三角形，脚偏粉红色，虹膜褐色。

习性：喜栖息于林缘多草和多矮树的地带。

分布：在中国繁殖于新疆西北部和天山西部山地，也曾有迷鸟记录于广西。在张掖为罕见候鸟。

树鹨 *Anthus hodgsoni* Olive-backed Pipit

特征：体形中等的橄榄色鹨，体长15～17厘米，体重15～25克。具明显的白色眉纹，下喙偏粉色而上喙角质色，跗跖粉色。与其他鹨的区别为上体纵纹较少，喉部和两胁皮黄色，胸部和两胁布满黑色纵纹。

习性：通常繁殖于北方的寒温带针叶林和南方近水的林地及山地森林。越冬时栖息于较干燥的低海拔林地，以及靠近森林的公园和草地。比其他鹨更喜林地生境，受惊时降落于树上。

分布：在中国常见于海拔4000米以下的开阔林地，指名亚种繁殖于东北和喜马拉雅山脉，越冬于东南、华中、华南和台湾、海南；*yunnanensis*亚种繁殖于陕西南部至云南和西藏南部，越冬于华南和海南、台湾。在张掖为常见夏候鸟。

红喉鹨 *Anthus cervinus* Red-throated Pipit

特征：体形小的褐色鹨类，体长14～15厘米，体重16.4～29.3克。上体褐色较重，腹部粉黄色，脸颊、颏、头部和上胸暗褐色，背部和翼无白色横斑，腰部多纵纹并具有黑色斑块，虹膜褐色，喙角质色，基部黄色，脚肉色。

习性：喜欢包括稻田在内的潮湿农耕区。

分布：在中国为东部常见候鸟，越冬于台湾、广东、广西和云南南部坝区盆地，迁徙途经华北、华东、华中。在张掖为常见候鸟。

水鹨 *Anthus spinoletta* Water Pipit

特征：中型的灰色鹨，体长15～17厘米，体重18.7～23克。繁殖期，下体呈特征性橙黄色。非繁殖期头灰色，白色眉纹较短，耳后有一白斑，上体橄榄绿色并有黑色纵纹，下体灰白色，胸部有黑色纵纹，外侧尾羽较白，腿细长，后趾爪较长，喙偏黑色，虹膜深色，外侧尾羽白色。

习性：栖息于近水湿润草地，或浅水漫滩沼泽，常在地面行走觅食。冬季常见单独或集小群活动，有时进浅水觅食。

分布：在中国见于北部和西部高海拔地区，迁徙至华北、华南越冬。在张掖为常见候鸟。

苍头燕雀 *Fringilla coelebs* Common Chaffinch

特征：中等体形而斑纹美丽的雀鸟，体长14～16厘米，体重16～25克。具醒目的白色肩斑及翼斑；虹膜褐色；喙雄鸟灰色，雌鸟角质色；跗跖粉褐色。非繁殖期，雄鸟头顶淡蓝色，背赭褐色，腰微绿色，脸颊和胸粉红色至赭色；雌鸟绿褐色。繁殖期，雄鸟顶冠及颈背灰色，上背栗色，脸及胸偏粉色；雌鸟及幼鸟色暗而多灰色。

习性：栖息于阔叶林、混交林、庭院和次生灌丛。晚上多在树上过夜。性大胆，不怕人，易于接近。多在树上和灌丛中，也到地上活动和觅食。

分布：在中国为偶见候鸟，指名亚种有记录越冬于新疆西北部天山和内蒙古、宁夏、河北、北京、辽宁、四川、湖南、云南。在张掖为常见候鸟。

白斑翅拟蜡嘴雀
Mycerobas carnipes White-winged Grosbeak

特征：大型黑色和暗黄色雀鸟，体长21～24厘米，体重47～75克。头大并具厚重的喙。雄鸟繁殖羽乍似白点翅拟蜡嘴雀雄鸟，但腰部黄色且胸部黑色，三级飞羽和大覆羽羽端点斑黄色，初级飞羽基部白斑在飞行时明显可见。雌鸟似雄鸟，但体色较暗，并以灰色取代黑色，脸颊和胸部具模糊浅色纵纹。幼鸟似雌鸟，但体羽偏褐色。

习性：冬季结群活动，常与朱雀混群。甚不惧人。磕食种子时极吵嚷。

分布：在中国地方性常见于中西部海拔2800～4600米沿林线的冷杉、松树及低矮刺柏丛中之上。在张掖为常见留鸟。

锡嘴雀 *Coccothraustes coccothraustes* Hawfinch

别名：老西子、老醯儿、铁嘴蜡子

特征：矮胖的大型偏褐色燕雀，体长16～18厘米，体重40～65克。具极大的喙、较短的尾部和明显的白色宽阔肩斑。两性相似。成鸟具狭窄黑色眼罩和颏部，两翼亮蓝黑色（雌鸟偏灰色），外侧初级飞羽羽端异常地弯而尖，暖褐色尾部略分叉，尾端具狭窄白色，外侧尾羽具黑色次端斑，两翼上下均具独特的黑白色图纹。幼鸟似成鸟，但体色较深且下体具深色小点斑和纵纹。

习性：成对或集小群栖息于海拔3000米以下的林地、庭院和果园。通常性羞怯而安静。

分布：在中国县常见，指名亚种繁殖于东北，迁徙途经华北、华东至长江以南越冬，部分个体越冬于河北、北京等地。在张掖为常见候鸟。

蒙古沙雀 *Bucanetes mongolicus* Mongolian Finch

特征：体形中等的纯沙褐色沙雀，体长13～15厘米，体重15～23克。喙厚重而呈暗角质色，翼羽的粉红色羽缘通常可见，虹膜深褐色，喙角质色，脚粉褐色。繁殖期雄鸟粉红色较深，大覆羽多绯红，腰、胸及眼周沾粉红色。与其他沙雀的区别在羽色单一且喙色较浅。

习性：主要栖息于沙漠、半荒漠、农田、果园到高山。喜山区干燥多石荒漠及半干旱灌丛。甚不惧人。通常成群活动。主要以各种野生植物的种子为食，也吃嫩叶、芽苞、花蕾和果实，还吃麦粒等农作物。

分布：在中国广布且地区性常见于新疆西部和北部及青海、甘肃、宁夏、内蒙古海拔4200米以下的大部分地区。在张掖为不常见留鸟。

普通朱雀 *Carpodacus erythrinus* Common Rosefinch

别名：红麻料、青麻料

特征：较小的朱雀，体长13～15厘米，体重18～31克。虹膜深褐色，喙粗厚且灰褐色，脚褐色。雄鸟上体红色，下体淡红色，头部、喉部、胸部及腰部亮红色，背部褐色染红色，两翼及尾黑褐色，羽缘染红色。雌鸟上体橄榄褐色，下体近白色，喉及胸部具深褐色纵纹。

习性：栖息于山地、丘陵和平原地区的森林、林缘灌丛、果园、农田和草地。单独或成对可集小群活动。飞行呈波状起伏。

分布：在中国繁殖或居留于东北、华北、西北、西南和西部地区，部分越冬或迁徙途经长江流域及以南地区。在张掖为常见留鸟。

大朱雀 *Carpodacus rubicilla* Great Rosefinch

特征：大型、壮实的深玫瑰色朱雀，体长15～19厘米，体重36～49克。嘴大，两翼及尾长。雄鸟体羽亮粉色，脸部深色，上半体没有条纹，下体有白色斑点。雌鸟全身呈条纹状褐色。

习性：喜欢海拔较高的植被稀疏地区以及高山和亚高山碎石坡、其他开阔贫瘠的环境，冬季会进入类似的栖息地。

分布：在中国为不常见留鸟，分布于西部和西北部，包括新疆、青海、西藏、甘肃和祁连山等地区。在张掖为不常见留鸟。

红眉朱雀

Carpodacus pulcherrimus Himalayan Beautiful Rosefinch

特征：体形中等，体长14～15厘米，体重15～26克。虹膜深褐色，喙浅角质色，脚橙褐色。上体褐色斑驳，眉纹、脸颊、胸及腰淡紫粉色，臀近白色。雌鸟无粉色，但具明显的皮黄色眉纹。雄雌两性均甚似体形较小的曙红朱雀，但喙较粗厚且尾的比例较长。藏南亚种粉色较其他亚种淡。

习性：主要栖息于海拔1500米以上的山区，冬季下至较低处，喜具低矮栎树和杜鹃的刺柏灌丛。受惊扰时“僵”于树丛不动，直至危险消失。

分布：在中国为海拔3600～4650米的常见留鸟，指名亚种见于喜马拉雅山脉和新疆南部，*argyrophrys*亚种见于西藏东北部和青海、甘肃、宁夏、内蒙古西部、四川、陕西、云南北部。在张掖为常见留鸟。

金翅雀 *Chloris sinica* Grey-capped Greenfinch

别名：金翅、绿雀、芦花黄雀、黄弹鸟、黄楠鸟、碛弱、谷雀

特征：小型黄、灰、褐色金翅雀，体长12～14厘米，体重15～22克。具宽阔的黄色翼斑。具叉尾，喙偏粉色，跗跖粉褐色。雄鸟顶冠和枕部灰色，背部纯褐色，翼斑、尾基外侧和臀部黄色。雌鸟体色较暗。幼鸟体色较浅且纵纹较多。

习性：栖息于海拔2400米以下的灌丛、旷野、种植园、庭院和林缘地带

分布：在中国常见，多个亚种均为留鸟，分布于黑龙江、吉林、辽宁、内蒙古（东北部）、河北、河南、山西，一直往南到广东、香港、福建和台湾，西至甘肃、宁夏、青海、四川。在张掖为常见留鸟。

巨嘴沙雀 *Rhodopechys obsoleta* Desert Finch

特征：中型沙色燕雀，体长13～15厘米。两翼粉红色，喙亮黑色，翼及尾羽黑色而带白色及粉红色羽缘。雄鸟具黑色眼先，雌鸟无。与所有相似种类的区别为体羽纯沙色且喙黑色。

习性：栖息于半干旱的稀疏矮丛地带，不喜干燥多石或多沙的荒漠，也见于花园及耕地。飞行快速且上下起伏。留鸟，但冬季常进行大范围游荡。除繁殖期间成对活动外，其他季节多成群。

分布：在中国广布但不常见，仅地区性常见于新疆、青海、甘肃、内蒙古等地。在张掖为常见留鸟。

红交嘴雀 *Loxia curvirostra* Red Crossbill

别名：交喙鸟、青交嘴

特征：体形中等，体长15～17厘米，体重28～48克。上下喙左右交错。雄鸟通体砖红色，上体较暗色，腰鲜红色，翼和尾近黑色，头侧暗褐色。雌鸟暗橄榄绿或染灰色，腰较淡色或鲜绿色，头侧灰色。雄鸟繁殖羽深红色；雌鸟似雄鸟，但为暗橄榄绿色而非红色；幼鸟似雌鸟，但体具纵纹。

习性：栖息于山地针叶林和以针叶林为主的针阔混交林。冬季游荡，部分个体集群迁徙。性活跃，飞行快速而起伏，觅食敏捷。

分布：在中国分布于东北、西北、长江下游及西南等处，地区性常见于中等海拔的松林中。在张掖为常见候鸟。

黄雀 *Spinus spinus* Eurasian Siskin

别名：黄鸟、金雀、芦花黄雀

特征：体形极小，体长11～12厘米，体重10～16克。具特征性短喙和明显的黑、黄色翼斑。雄鸟头顶和颏部黑色，头侧、腰部和尾基亮黄色。雌鸟体色较暗且纵纹较多，头顶和颏部无黑色。幼鸟似雌鸟，但体羽偏褐色，翼斑偏橙色。与其他所有体色相似的小型燕雀区别为喙尖而直，喙偏粉色，跗跖偏黑色。

习性：栖息于山林、丘陵和平原地带，秋季和冬季多见于平原地区或山脚林带避风处。冬季集大群作波状起伏飞行。觅食敏捷。

分布：在中国较常见，繁殖于东北地区大、小兴安岭并偶至江苏，迁徙途经华东，越冬于台湾、新疆和长江下游、华东、华南沿海各地。在张掖为常见候鸟。

白头鹀 *Emberiza leucocephalos* Pine Bunting

特征：体形大，体长16～18厘米，体重20～43克。体羽似麻雀，具独特的头部图纹和小型羽冠。雄鸟具白色的顶冠纹和紧贴其两侧的黑色侧冠纹，耳羽中间白色而环边缘黑色，头余部及喉栗色而与白色的胸带成对比。雌鸟色淡而不显眼，上下喙不同色，体色较淡且略沾粉色，髭纹下方偏白色。

习性：喜林缘、林间空地和火烧后或过伐的针叶林及混交林。越冬于农耕地、荒地和果园。繁殖期在地面或灌丛内筑碗状巢。

分布：在中国指名亚种繁殖于西北地区的天山、阿尔泰山和东北地区，越冬于新疆西部、黑龙江、内蒙古东南部、北京、河北、河南、陕西南部、甘肃南部和青海东南部。在张掖为常见候鸟。

灰眉岩鹀 *Emberiza cia* Rock Bunting

别名：灰眉子、灰眉雀

特征：较大的鹀，体长15～17厘米，体重15～23克。头、枕、头侧、喉和上胸蓝灰色，眉纹、颊、耳覆羽蓝灰色，贯眼纹和头顶两侧的侧贯纹黑色或栗色，背红褐色或栗色且具黑色中央纹，腰和尾上覆羽栗色且黑色纵纹少而不明显，下胸、腹等下体红棕色或粉红栗色。雌鸟似雄鸟，但体色较暗。

习性：喜干燥而少植被覆盖的多岩丘陵山坡和沟谷，冬季移至开阔的灌丛。

分布：在中国为海拔4000米以下地区性常见留鸟。在张掖为常见留鸟。

三道眉草鹀 *Emberiza cioides* Meadow Bunting

别名：大白眉、犁雀儿、三道眉、山带子、山麻雀

特征：体形较大，体长15～18厘米，体重19～28克。具醒目的黑白色头部图纹和栗色的胸带，白色的眉纹、上髭纹、颏部以及喉部。雄鸟繁殖羽脸部具独特的褐色、白色和黑色图纹，胸部栗色，腰部棕色。雌鸟体色较浅，眉纹和颊纹皮黄色，胸部浓皮黄色。

习性：栖息于丘陵地带和半山区稀疏阔叶林地、灌丛和草丛中，冬季下至较低海拔的平原地区。

分布：在中国分布于除西藏外的全国各地。在张掖为常见留鸟。

灰头鹀 *Emberiza spodocephala* Black-faced Bunting

别名：青头愣、青头鬼儿、蓬鹀、青头雀、黑脸鹀

特征：小型黑色和黄色鹀，体长13～16厘米，体重14～26克。雄鸟繁殖羽头部、枕部和喉部灰色，眼先和颏部黑色，上体余部浓栗色并具明显黑色纵纹，下体浅黄色或偏白色，肩羽具白斑，尾部色深并具白色边缘。雄鸟冬羽和雌鸟头部橄榄色，贯眼纹和耳羽下方月牙状斑黄色。

习性：主要栖息于平原和中高山地区灌丛和较稀疏的林地。常常结成小群活动。杂食性。

分布：在中国常见指名亚种繁殖于东北，越冬于华南、台湾和海南。*sordida*亚种繁殖于华中，越冬于华南、华东，*personata*亚种越冬于华东和华南沿海。在张掖为常见候鸟。

小鹀 *Emberiza pusilla* Little Bunting

别名：高粱头、虎头儿、铁脸儿、花椒子儿、麦寂寂

特征：体形较小，体长11～14厘米，体重11～17克。体具纵纹。两性相似。上体褐色并具深色纵纹，下体偏白色，胸及两胁具有细碎的黑色纵纹。雄鸟繁殖羽头部具黑色和栗色条纹以及浅色眼圈。冬羽耳羽和顶冠纹暗栗色，颊纹和耳羽边缘灰黑色，眉纹和第二道颊纹暗皮黄褐色。

习性：常与鹨类混群。隐于茂密植被、灌丛和芦苇地中。多结小群生活。

分布：在中国迁徙时常见于东北地区，越冬于新疆极西部及华中、华东和华南的大部分地区以及台湾。在张掖为不常见候鸟。

苇鹀 *Emberiza pallasi* Pallas's Bunting

别名：山家雀儿、山苇容

特征：体形较小，体长13～15厘米，体重11～16克。雄鸟繁殖羽白色的下髭纹与黑色的头部和喉部形成对比，颈圈白色，下体灰色，上体具灰色和黑色横斑。雌鸟、雄鸟非繁殖期羽以及各阶段幼鸟浅沙黄色，且顶冠、翕部、胸部和两胁具深色纵纹。

习性：春季一般生活于平原沼泽地和沿溪的柳丛及芦苇中，秋冬多在丘陵、低山区的散有密集灌丛的平坦台地和平原荒地的稀疏小树上。

分布：在中国为西北和东北的夏候鸟，迁徙途经西北地区，越冬于甘肃、陕西、辽宁至华东、台湾至华南沿海地区。在张掖为常见候鸟。

芦鹀 *Emberiza schoeniclus* Reed Bunting

别名：大苇蓉、大山家雀儿

特征：体形较小，体长15～17厘米，体重14～27克。雄鸟头部黑色而无眉纹，颈圈和颚纹白色，上体栗黄色，具黑色纵纹，翅上小覆羽栗色。雌鸟头部赤褐色，具眉纹，体羽似麻雀，外侧尾羽有较多的白色，具显著的白色下髭纹。繁殖期雄鸟似苇鹀但上体多棕色。雌鸟及非繁殖期雄鸟头部的黑色多褪去，头顶及耳羽具杂斑，眉线皮黄色。

习性：一般栖息于平原沼泽地和湖沼沿岸低地的草丛和灌丛，也见于丘陵和山区，但不到高山森林中。除繁殖期成对外，多结群生活。

分布：在中国地区性常见。分布于东北、西北、华中、华东和华南，迷鸟见于台湾。在张掖为常见候鸟。

中文名索引

学名索引

A

B

C